N. Manz · E. Hering

Existenzgründung und Existenzsicherung

Springer

Berlin
Heidelberg
New York
Barcelona
Budapest
Hongkong
London
Mailand
Paris
Singapur
Tokio

N. Manz · E. Hering

Existenzgründung und Existenzsicherung

Vom Unternehmenskonzept zum erfolgreichen Unternehmen

Mit 6 Abbildungen und 41 Checklisten

 Springer

Dipl.-Wirt.Ing. Nicole Manz

Rattstadter Straße 30
73479 Ellwangen
E-mail: nicolemanz@aol.com

Professor Dr. Dr. Ekbert Hering

Fachhochschule Aalen
Postfach 1728
73428 Aalen
E-mail: ekbert.hering@fh-aalen.de

ISBN 3-540-66543-9 Springer-Verlag Berlin Heidelberg New York

Die Deutsche Bibliothek - CIP-Einheitsaufnahme
Manz, Nicole: Existenzgründung und Existenzsicherung: vom Unternehmenskonzept zum
erfolgreichen Unternehmen / Nicole Manz; Ekbert Hering. -Berlin; Heidelberg; New York;
Barcelona; Hongkong; London; Mailand; Paris; Singapur; Tokio: Springer, 2000
   (VDI-Buch) (VDI Karriere)
   ISBN 3-540-66543-9

Springer-Verlag ist ein Unternehmen der Fachverlagsgruppe BertelsmannSpringer
© Springer-Verlag Berlin Heidelberg 2000
Printed in Germany

Satz: Satzerstellung durch Autoren
Einband: Struve & Partner, Heidleberg
Gedruckt auf säurefreiem Papier   SPIN: 10746145   07/3020 hu - 5 4 3 2 1 0

Vorwort

„Existenzgründer von heute sind die Arbeitgeber von morgen!" Diese Erkenntnis setzte bei der Bundesregierung eine gewaltige Gründeroffensive in Gang. Noch nie gab es deshalb so viel materielle Unterstützung für Menschen, die sich selbständig machen wollen. Doch Geld allein reicht nicht aus.

Der vorliegende Leitfaden umfaßt, in sich geschlossen, alle bedeutenden Schritte für einen Einstieg in die eigene Existenz und deren Sicherung. Er ist Entscheidungsgrundlage für alle – vom Handwerker bis zum Ingenieur – und umfaßt zahlreiche Checklisten, die zur direkten Bearbeitung einladen.

Zu den im ersten Kapitel beschriebenen Grundlagen einer Existenzgründung gehören Gründe für den Schritt in die Selbständigkeit, Chancen und Risiken, Gründungsmöglichkeiten und Rechtsformen.

Das zweite Kapitel befaßt sich mit der Ausgangslage einer erfolgreichen Existenzgründung – dem Gründer selbst und seiner Idee.

Das zentrale Element einer Gründung, das Unternehmenskonzept, wird im dritten Kapitel ausführlich behandelt. Dabei wird zunächst auf die Funktionen, den inhaltlichen Aufbau und die Form des Unternehmenskonzepts eingegangen, um im Anschluß daran das Erstellen sukzessive aufzuzeigen.

Im vierten Kapitel wird die Umsetzung der Gründungsplanung ebenso beschrieben wie das erste Bankgespräch, die Einrichtung des Rechnungswesens und nötige Formalitäten.

Im Anschluß daran wird auf Förderprogramme eingegangen, Förderungsgrundsätze werden beschrieben und wichtige Programme vorgestellt.

Das sechste Kapitel gibt Hinweise speziell für Existenzgründerinnen, da mehr qualifizierte Frauen motiviert werden sollen, die Selbständigkeit als berufliche Alternative zu sehen.

Unverzichtbar für eine erfolgreiche Existenzgründung ist die Existenzsicherung, denn gerade die ersten Jahre nach der Gründung stellen hohe Anforderungen an den Jungunternehmer. Das siebte Kapitel beschäftigt sich daher mit Problemfeldern junger Unternehmen, Controlling, Forderungsmanagement, Früherkennung und Krisenmanagement.

Das Buch schließt mit einem Kapitel über neue Arbeitswelten wie Telearbeit und virtuelle Unternehmen ab.

Ganz besonderer Dank gebührt Frau Gabriele Egger und Herrn Dr. Uwe Kirst von „Dr. Kirst & Partner – Institut für aktive Unternehmensentwicklung" in Nürnberg für ihr großes Engagement während der Bucherstellung. Sie gaben wertvolle Anregungen und praktische Hinweise. Dank gilt auch dem Springer-Verlag, speziell Frau Hestermann-Beyerle und Frau Susanna Pohl in Heidelberg, und Frau Sigrid Cuneus in Berlin, die für eine reibungslose Abwicklung in erfreulicher Atmosphäre sorgten.

Wir wünschen den Leserinnen und Lesern, daß dieses Buch ihnen hilft, sich überlegt und informiert in der Frage einer Existenzgründung zu entscheiden und möchten ihnen im Falle eines Gründungsentschlusses viel Erfolg auf ihrem Weg wünschen.

Wir hoffen auf kritische Anmerkungen und weitere Anregungen.

Ellwangen, Heubach   Nicole Manz
Herbst 1999   Ekbert Hering

Inhaltsverzeichnis

Checklistenverzeichnis

Abkürzungsverzeichnis

AfA	Absetzung für Abnutzung
AG	Aktiengesellschaft
AGB	Allgemeine Geschäftsbedingungen
AV	Arbeitslosenversicherung
BDI	Bundesverband der Deutschen Industrie e.V.
BfA	Bundesversicherungsanstalt für Angestellte
BGB	Bürgerliches Gesetzbuch
BMWi	Bundesministerium für Wirtschaft
DIHT	Deutscher Industrie- und Handelstag
DtA	Deutsche Ausgleichsbank
EKH	Eigenkapitalhilfeprogramm
ERP	Europäisches Regionalprogramm
GbR	Gesellschaft bürgerlichen Rechts
GmbH	Gesellschaft mit beschränkter Haftung
GmbHG	GmbH-Gesetz
GWG	Geringwertiges Wirtschaftsgut
HGB	Handelsgesetzbuch
HWK	Handwerkskammer
IHK	Industrie- und Handelskammer
KfW	Kreditanstalt für Wiederaufbau
KG	Kapitalgesellschaft
KV	Krankenversicherung
LVA	Landesversicherungsanstalt
MBI	Management Buy-in
MBO	Management Buy-out
ND	Nutzungsdauer
OHG	Offene Handelsgesellschaft
p.a.	per annum (pro Jahr)
PartGG	Partnerschaftsgesellschaftsgesetz
PV	Pflegeversicherung
RV	Rentenversicherung
SCHUFA	Schutzgemeinschaft für Allgemeine Kreditsicherung
SGB	Sozialgesetzbuch

1 Grundlagen

Der Schritt vom fremdbestimmten, abhängigen Mitarbeiter eines Unternehmens hin zum unabhängigen, selbständigen Unternehmer ist keine leichte Entscheidung.

Doch was veranlaßt viele Menschen ein Unternehmen zu gründen? Welchen Chancen und Risiken stehen sie gegenüber? Welche Gründungsmöglichkeiten haben sie zur Auswahl? Welche Rechtsform können sie wählen?

1.1
Gründe für den Schritt in die Selbständigkeit

Es gibt viele Gründe, sich selbständig zu machen. Viele Motive sind sehr persönlich und individuell:

1. Der Beruf wurde mit der Absicht gewählt und erlernt, sich sofort nach der Ausbildung (oder nach entsprechender Qualifikation) selbständig zu machen.
2. Die Selbständigkeit wird als große berufliche und persönliche Erfüllung gesehen.
3. Drohende Arbeitslosigkeit.
4. Als Ausweg bei Arbeitslosigkeit oder Dauerarbeitslosigkeit.
5. Als Alternative für den fehlenden Arbeitsplatz nach einer Ausbildung.

Bei den Motiven eins und zwei ist der „Lustgewinn", die Aussicht auf mehr *Selbstverwirklichung* und *finanzielle Unabhängigkeit*, das stimulierende Motiv. Die persönliche Situation und Zukunft werden eher positiv beurteilt.

Bei den Motiven drei bis fünf überwiegt als Motiv die „Schmerzvermeidung". Die aktuelle Situation und die Zukunft werden eher negativ eingeschätzt.

Nach einer Erhebung des Instituts für Mittelstandsforschung Bonn im Jahre 1997 ergaben sich die in Abb. 1 aufgeführten Gründe für den Schritt in die Selbständigkeit (Mehrfachnennungen waren möglich).

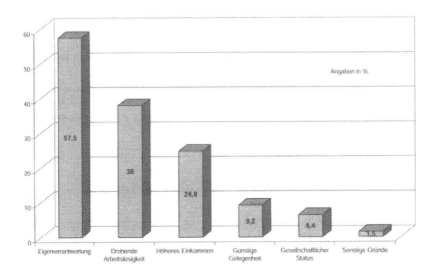

Abb. 1 Gründe für den Schritt in die Selbständigkeit [Quelle: Institut für Mittelstandsforschung, 1997]

Es ist ersichtlich, daß für über die Hälfte (57,5%) der Befragten der Wunsch nach *Eigenverantwortung* maßgeblich für die Entscheidung einer Existenzgründung war.

Beachtenswert ist auch der Beweggrund, einer drohenden Arbeitslosigkeit vorzubeugen (38%). Anstatt sich zurückzuziehen, sehen diese Personen die Selbständigkeit als eine Chance, ihr berufliches Leben selbst in die Hand zu nehmen.

Ein Viertel der Befragten nannte das höhere Einkommen als Motiv, was aber auf keinen Fall alleiniger Grund für eine Gründung sein sollte, da man nicht vergessen darf, daß dem *höheren Einkommen* auch *mehr Arbeit, weniger Freizeit und ungesicherter Urlaub* gegenüberstehen.

1.2
Chancen und Risiken

Zu einem realistischen Umgang mit den Themen Selbständigkeit und Existenzgründung gehört nicht nur die Betrachtung der *Chancen*, sondern auch die der *Risiken*.

In den folgenden Abschnitten wird daher zunächst auf die Risiken einer Existenzgründung hingewiesen und in diesem Zusammenhang eine Untersuchung der Deutschen Ausgleichsbank (DtA) über die häufigsten Insolvenzursachen aufgeführt. Im Anschluß daran wird näher auf die Chancen eingegangen.

1.2.1
Risiken für Existenzgründer

Viele Menschen in Deutschland haben in der Vergangenheit die Risiken der Selbständigkeit gescheut und deshalb eine berufliche Karriere in einem Angestelltenverhältnis bevorzugt.

Doch was sind die Gründe für die bisherige Zurückhaltung? Welche Risiken werden in der Selbständigkeit gesehen?

Hauptgrund für die bisherige Zurückhaltung, den Schritt zum Unternehmer zu wagen, ist die in unserer Gesellschaft vorherrschende Meinung, eine selbständige unternehmerische Tätigkeit sei mit einer *geringeren Einkommens- und Arbeitsplatzsicherheit* verbunden. Es wird also von einem *größeren Berufs- und Lebensrisiko* ausgegangen.

Doch gerade dies stimmt in der heutigen Zeit nicht mehr: Die fortschreitende Globalisierung der Märkte, die Automatisierung der Produktion und der Einzug der Elektronischen Datenverarbeitung (EDV) haben zu einer Verschlankung der Unternehmen geführt. Immer mehr Arbeitsplätze werden wegrationalisiert, immer mehr Arbeitnehmer stehen vor Änderungskündigungen, immer mehr Arbeitnehmer müssen mit Veränderungen bei Arbeitszeiten und Einkommen rechnen.

Keine Branche, kein Beruf, keine Funktion und keine Leitungsebene ist heute vor Stellenabbau sicher. Dies spiegelt sich in der Arbeitslosenquote in Deutschland von 4,023 Mio.[1] wider.

Die gewohnten und erprobten Strategien zur Lösung des Problems der hohen Arbeitslosigkeit wie

---

[1] Stand: August 1999

1. Frühpensionierung,
2. Arbeitszeitverkürzung,
3. Teilzeitarbeitsplätze und
4. Flexibilisierung der Arbeitszeit

sind nicht mehr ausreichend. Es genügt nicht, die vorhandene Arbeit anders zu verteilen, sondern es muß mehr Arbeit angeboten werden. Dies führte Regierung, Kammern und Verbände, sowie einer Reihe privatwirtschaftlicher Organisationen zu folgender Erkenntnis:

„Existenzgründer von heute sind die Arbeitgeber von morgen!"

Noch nie gab es deshalb so viel *materielle* und *immaterielle Unterstützung* für Menschen, die sich in eine selbständige Tätigkeit wagen: zum einen aktive Beratung, Schulung und Betreuung von den Kammern, Verbänden, Banken, Versicherungen und Unternehmensberatern und zum anderen eine Vielzahl von Förderprogrammen.

Durch diese aktive Förderung von Existenzgründungen entstehen nicht nur neue Unternehmen, es werden damit auch viele neue Arbeitsplätze geschaffen (im Durchschnitt vier Arbeitsplätze).

Trotzdem sieht sich der Unternehmensgründer von heute einer Vielzahl von Ungewißheiten und Risiken gegenüber.

Technische, wirtschaftliche und soziale Veränderungen vollziehen sich immer schneller, schaffen rasch neue Situationen, Bedingungen und Problemfelder. Ohne die *notwendige Anpassungsfähigkeit und Qualifikation* steht der Unternehmer schnell auf verlorenem Posten.

Bei der heutigen Struktur der Märkte wird zudem in fast allen Branchen um jeden Marktanteil, um jeden Kunden hart gerungen. Das erfordert *Kraft, Steh- und Durchsetzungsvermögen.* Diese Eigenschaften braucht man aber auch im Umgang mit Kunden, Lieferanten, Mitarbeitern, Geldgebern oder Behörden. Hierbei ist der selbständige Unternehmer meist auf sich allein gestellt. Die Gefahr, verhängnisvolle Fehler zu machen, ist daher groß.

In der Praxis bei Existenzgründern immer wieder zu beobachtende Fehler, die in vielen Fällen zur Insolvenz führen, kommen daher nicht von ungefähr. So hat ein Existenzgründer, der mit einer unausgegorenen Geschäftsidee an den Markt geht oder die Unternehmensgründung mangelhaft vorbereitet hat, nur geringe Überlebenschancen. Es sind aber auch Einsteiger anzutreffen, die zwar ein gutes Unternehmenskonzept vorzeigen können, denen jedoch die persönlichen Voraussetzungen fehlen, die notwendige Kraft über die eigentliche Gründung hinaus aufzubringen.

Eine Untersuchung der Deutschen Ausgleichsbank aus dem Jahre 1997 (Mehrfachnennungen waren möglich) zeigt, daß fast alle „Pleite-Ursachen" direkt oder indirekt mit der *Gründerperson* in Verbindung stehen (Abb. 2).

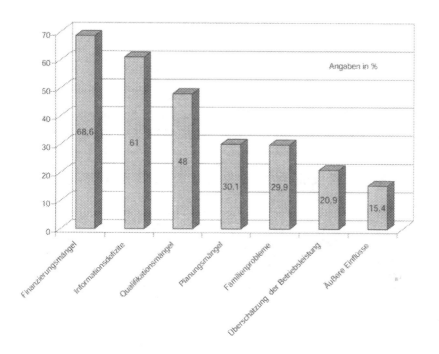

Abb. 2 Insolvenzursachen [Quelle: Deutsche Ausgleichsbank, 1997]

Die betrachteten Insolvenzursachen werden näher erläutert und Hilfestellung gegeben, ähnliche Fehler und damit verbundene Risiken zu vermeiden.

- *Finanzierungsmängel (68,6%)*
  Viele Gründer haben bei der Gründungsfinanzierung oft ihren kurzfristigen Kapitalbedarf (um laufende Rechnungen zu bezahlen) falsch eingeschätzt und daraufhin ihre Liquidität falsch ge-

plant. Probleme gibt es in dieser Situation vor allem dann, wenn Kunden schleppend oder vielleicht überhaupt nicht zahlen.

Tip: Kapitalbedarf sorgfältig berechnen.

- *Informationsdefizite (61%)*
  Gründer wissen aufgrund unzureichender Informationsbeschaffung oft zu wenig vom Marktgeschehen. Sie überschätzen beispielsweise die Nachfrage für ihr Produkt, ihre Dienstleistung oder unterschätzen die Konkurrenz.

Tip: Sorgfältige Kunden- und Konkurrenzanalyse.

- *Qualifikationsmängel (48%)*
  An der fachlichen Qualifikation mangelt es bei Gründern so gut wie nie. Dafür um so mehr an kaufmännischen und unternehmerischen Kenntnissen.

Tip: Defizite eingestehen und durch Weiterbildung ausgleichen.

- *Planungsmängel (30,1%)*
  Hier gibt es zwei Mangel-Varianten: Entweder ist die Planung der Unternehmensgründung fehlerhaft, oder die Planung ist gut, wird aber nicht eingehalten.

Tip: Planung in Schritte zerlegen und Erledigtes abhaken.

- *Familienprobleme (29,9%)*
  Familiäre Probleme sind um so einflußreicher, je kleiner ein Unternehmen ist. Gravierend ist hier vor allem, wenn der Ehepartner die familiären Belastungen gerade in der Anfangsphase nicht oder nicht länger hinnehmen will.

Tip: Von vornherein mit Partnerin oder Partner gemeinsam planen.

- *Überschätzung der Betriebsleistung (20,9%)*
  Viele Gründer schätzen die Leistungsfähigkeit ihres Unternehmens völlig falsch ein. Oft ist der Umsatz des Betriebes zu gering im Verhältnis zu den hohen Investitionen oder zu den Fixkosten.

Tip: Erträge so genau wie möglich vorausberechnen und Kosten so niedrig wie möglich halten.

▪ *Äußere Einflüsse (15,4%)*
Ursachen, die der Unternehmer weder vorhersehen, noch beeinflussen kann: Änderungen im Kundenverhalten, schwindende Kaufkraft in der Kunden-Zielgruppe, Wertverlust teurer Maschinen durch technischen Fortschritt, verkehrstechnische oder finanzielle Folgen durch geänderte kommunale Planungen.

Tip: Mit offenen Augen durchs Leben gehen.

Diese Kriterien, die besonders gründlich zu überprüfen sind, sollen rechtzeitig auf etwaige Konzeptschwächen hinweisen.

1.2.2
Chancen für Existenzgründer

Trotz der bisher genannten Risiken und Probleme, mit denen sich ein Existenzgründer auseinanderzusetzen hat, haben in den letzten Jahren immer mehr Menschen die Selbständigkeit als eine attraktive Möglichkeit der Berufsausübung erkannt.

Welche Chancen sahen diese Menschen?

Als Selbständiger ist man sein *eigener Herr* – man hat eine größere *Entscheidungsfreiheit* und ist dadurch eher in der Lage, *eigene Ideen* durchzusetzen.
Ein anderer Aspekt ist die Tatsache, daß die Selbständigkeit als große *berufliche und persönliche Erfüllung* angesehen wird.
Dieser unternehmerische Mut wird meist auch belohnt. In diesem Zusammenhang seien zwei Existenzgründungen genannt, deren Gründer es geschafft haben mit ihrem *persönlichen Einsatz* und dem *Glück der Tüchtigen*, erfolgreiche Unternehmen zu etablieren.

Erfolgsstory 1: SAP AG Walldorf

Im Jahre 1972 gründeten fünf IBM-Systemberater mit wenig Geld, aber einer bedarfsorientierten Produktidee die Firma „*Systemanalyse und Programmentwicklung*" (SAP).

Ihre Vision: Standard-Anwendungssoftware zu entwickeln, mit deren Hilfe Geschäftsprozesse im Dialog mit dem Computer zeitnah bearbeitet und optimiert werden können.

Auf einem Markt zu agieren, der von zwei Großen (IBM und Siemens) beherrscht wurde, war eine mutige Entscheidung. Doch dieser Schritt wurde belohnt: Bereits im ersten Geschäftsjahr erzielte das junge Unternehmen ein positives Ergebnis, bei einem Umsatz von 620.000 DM.

Im Jahre 1998 waren weltweit über 19.300 Mitarbeiter beschäftigt, bei einem Umsatz von 8.465,3 Mio. DM. Der weltweite Erfolg von SAP gründet auf dem System R/3. Es wird in mehr als 107 Ländern eingesetzt und ist heute anerkannter Industriestandard. Seit der Einführung im Jahr 1992 installierte SAP gemeinsam mit seinen Partnern über 20.000 R/3-Systeme.

Am 3. August 1998 setzte die SAP AG durch den Gang an die New York Stock Exchange (NYSE), der größten Börse der Welt, den notwendigen und konsequenten Meilenstein in ihrer Entwicklung.

Schritt für Schritt erarbeitete sich das Unternehmen SAP seinen Erfolg und zählt heute mit Recht zu den Begründern des Marktes für betriebswirtschaftliche Anwendungssoftware.

Erfolgsstory 2: MLP AG Heidelberg

Die Studenten Eicke Marscholleck und Manfred Lautenschläger wagten 1971 in Heidelberg den Schritt in die Selbständigkeit.

Ihre Idee „Studenten beraten Studenten" war der Grundstein für ihre heutige Firmenphilosophie „Finanzdienstleistungen mit Konzept".

Die MLP AG kann heute auf eine stolze Entwicklung zurückblicken, in der sie sich kontinuierlich weiterentwickelt hat und durch zufriedene Kunden ihre Marktanteile vergrößern konnte. Mit einem flächendeckenden Netz von Geschäftsstellen und einem stetig wachsenden Beraterteam kann die MLP AG die Beratung auch nach einem Wohnungswechsel sicherstellen.

Die Leistungen sind heute sehr weitreichend: MLP versteht sich als Partner auf Lebenszeit, der beim Berufsstart hilft, die ersten Weichen in die richtige Richtung zu stellen, der mit Absicherungs- und Vorsorge-Konzepten schützt, der attraktive Spar- und Geldanlagemöglichkeiten aufzeigt, bei Finanzierungen beratend zur Seite steht, die Existenzgründung mit plant und auch bei der Vermögensplanung ein wertvoller Gesprächspartner ist.

Gegründet von zwei mutigen jungen Männern ist die MLP AG heute einer der führenden Anbieter auf dem Finanzdienstleistungssektor.

Neben diesen spektakulären Vorzeigegründungen gibt es aber noch die vielen tausend kleinen oder mittelständischen Dienstleister, Handwerker, Freiberufler, Produzenten und Händler.
Diese Unternehmen sind durchaus Vorbilder, die berufliche Zukunft selbst in die Hand zu nehmen. Sie haben es geschafft, Bedenken wie

- das schaffe ich nicht, dazu fehlt mir die Erfahrung, die richtigen Kontakte, das Geld,
- dieses Produkt oder diese Dienstleistung wird schon von vielen angeboten, der Markt ist gesättigt,

zu überwinden und die *geeignete Strategie* für sich selbst zu finden.

1.2.3
Fazit

Selbständigkeit ist eine interessante berufliche Alternative. Doch bevor der Schritt in die Selbständigkeit gewählt wird, müssen die möglichen Chancen und Risiken bewußt sein.

Eines steht aber fest:

- Die Risiken einer selbständigen Tätigkeit sind derzeit nicht größer als in einer abhängigen Beschäftigung.
- Die Chancen der beruflichen Selbstverwirklichung und des finanziellen Erfolgs sind bei gleichem Leistungseinsatz deutlich größer.
- *Können, Wissen, Fleiß, Ausdauer* und *Qualität* sind *entscheidende Erfolgsfaktoren* und rangieren vor der materiellen Kapitalausstattung und Einzigartigkeit der Produktidee.

1.3
Gründungsmöglichkeiten

Es gibt verschiedene Möglichkeiten, den Weg in die Selbständigkeit zu beschreiten (Abb. 3).

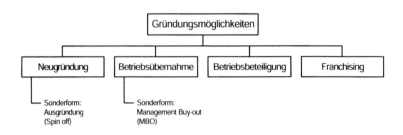

Abb. 3 Gründungsmöglichkeiten

Neben der Neugründung existiert eine Reihe von Varianten: die Ausgründung von Unternehmensteilen (Sonderform der Neugründung); die Übernahme eines bestehenden Betriebs; die Übernahme der Firma durch einen Mitarbeiter, der bislang als Führungskraft im Unternehmen tätig war (Sonderform der Betriebsübernahme); die Beteiligung an einem bestehenden Betrieb; Gründung durch Franchising.

Jede dieser Möglichkeiten, die im folgenden näher erläutert werden, hat spezifische Vor- und Nachteile. Die Wahl hängt somit letztlich von *individuellen Kriterien* ab. Als Hilfestellung für die Wahl der Gründungsart wird dieser Abschnitt durch die Checklisten „Betriebsübernahme" (Checkliste 1), „Franchising" (Checkliste 2) und „Gründungsmöglichkeiten" (Checkliste 3) ergänzt.

1.3.1
Neugründung

Wer ein Unternehmen neu gründet, startet bei Null.

Für den Gründer bedeutet dies nicht nur den Wechsel vom Arbeitnehmer zum Unternehmer; er muß den Betrieb zunächst einmal errichten und Geschäftsbeziehungen aufbauen. Es gibt daher z.B. weder einen bestehenden Kundenstamm noch ein Lieferantennetz.

Das bedeutet: Jeder Schritt – von der Idee bis zum fertigen Unternehmen – muß gewissenhaft gegangen werden. Das Unternehmenskonzept muß somit erst entstehen: Wie sieht der Markt für das Produkt oder die Dienstleistung aus? Wie stark ist die Konkurrenz? Ist der Standort der richtige? Wie entwickelt sich die Branche?

Erfahrungswerte aus der Vergangenheit, auf die man sich stützen könnte, gibt es nicht. Niemand kann die Entwicklung und den Erfolg vorhersagen. Somit ist das Gründungsrisiko bei dieser Form der Existenzgründung besonders hoch.

Andererseits stehen dem Gründer alle Möglichkeiten offen, sein Unternehmen zu gestalten. Hier kann er am besten seine eigenen Ideen einbringen, Entscheidungen können schneller getroffen werden.

Wenn die Neugründung mit einem (mehreren) Partner(n) erfolgt, hat man zudem den Vorteil, das Risiko auf mehrere Personen zu verteilen und sich, den Qualifikationen entsprechend, zu ergänzen.

Eine Sonderform der Neugründung ist die Ausgründung, auch *Spin off* genannt. Hier übernehmen Mitarbeiter eines bestehenden Unternehmens ausgliederungsfähige Bereiche desselben in eigener Regie und Verantwortung. Typische Bereiche, in denen Spin offs realisiert werden, sind Dienstleistungen wie Logistik, Wartung, Montage, Marketing, EDV sowie Forschung und Entwicklung. Auch die Zulieferbereiche werden häufig ausgegründet.

Meist gibt es hierbei Unterstützung seitens des Unternehmens in Form von Übernahme des Kundenstamms, Know-how-Transfer, günstige Übernahme von Grundstücksteilen und Gebäuden.

Auch wenn der Faden zwischen Unternehmen und ausgegründeten Bereichen zunächst nicht allzu schnell abreißt, bedenken Sie jedoch, daß der Spin off auf Dauer nur lebensfähig ist, wenn er am Markt auch ohne diese Bindung bestehen kann; ansonsten sind Sie zu abhängig vom Mutterhaus.

In diesem Zusammenhang ist der Begriff *Scheinselbständigkeit* zu erwähnen. Gerade bei der Ausgründung, aber auch bei Neugründungen ist sie anzutreffen.

Nachdem es schon in der letzten Legislaturperiode Gesetzesinitiativen zur Bekämpfung der Scheinselbständigkeit gab, hat die Rot-Grüne-Regierung jetzt gehandelt. Das „Gesetz zu Korrekturen in der Sozialversicherung und zur Sicherung der Arbeitnehmerrechte" wurde am 10.12.1998 vom Bundestag und am 19.12.1998 vom Bundesrat gebilligt. Es ist am 01.01.1999 in Kraft getreten. Das Gesetz enthält neben Änderungen bei Kündigungsschutz, Entgeltfortzahlung etc. mehrere Artikel, die der Bekämpfung der Scheinselbständigkeit dienen sollen.

Kern des neuen §7 Abs.4 SGB IV ist dessen Satz 1. Danach ist Scheinselbständigkeit zu vermuten, wenn *mindestens zwei* der folgenden vier Kriterien vorliegen[2]:

---

[2] Neue Grenzen zur Scheinselbständigkeit (1999). IHK Ostwürttemberg

1. Keine Beschäftigung eigener versicherungspflichtiger Arbeitnehmer mit Ausnahme von Familienangehörigen.
2. Tätigkeit regelmäßig und im wesentlichen nur für einen Auftraggeber.
3. Erbringung von Arbeitsleistungen, die für Beschäftigte typisch sind, insbesondere in Weisungsgebundenheit und Eingliederung in die Arbeitsorganisation des Auftraggebers.
4. Kein Auftreten am Markt aufgrund unternehmerischer Tätigkeit.

Das neue Gesetz zur Scheinselbständigkeit sorgt für große Verwirrung bei Arbeitnehmern und Arbeitgebern. Das liegt vor allen Dingen daran, daß die o.g. Kriterien schwierige Auslegungsfragen aufwerfen.

Gerade junge Unternehmen taten bisher jedoch gut daran, Mitarbeiter so lange auf freier Basis zu beschäftigen, bis sich die Firma stabilisiert hat. Genau dies wird nun schwieriger. Aus diesem Grund ist es ratsam, sich in der Frage der Scheinselbständigkeit an einen Rechtsanwalt zu wenden.

1.3.2
Betriebsübernahme

Um selbständig zu werden, muß man nicht immer ein neues Unternehmen gründen. Sie können sich auch selbständig machen, indem Sie ein schon bestehendes Geschäft übernehmen.

Da allein im Jahr 2000 in schätzungsweise 30.000 mittelständischen Betrieben die Nachfolge geregelt werden muß, sind hier vielfältige Möglichkeiten geboten.

Eine Betriebsübernahme kann den Schritt in die Selbständigkeit erleichtern, denn neben den Geschäftsräumen, den Mitarbeitern, einem Warenlager und Geschäftsbeziehungen sind vor allem die Kunden schon vorhanden. Man nennt diese Art der Übernahme eines Unternehmens auch *Management Buy-in (MBI)*, d.h. eine Führungskraft von außen, in diesem Falle Sie, übernimmt den Betrieb.

Aber nicht jeder Betrieb ist zur Übernahme geeignet und nicht jede Betriebsübernahme verläuft erfolgreich. Wie bei jeder Existenzgründung ist auch hier der Unternehmer selbst die wichtigste Erfolgsgarantie. Denn auch bei gut eingeführten Betrieben sind permanente Anstrengungen und ein unermüdlicher Einsatz des Unternehmers erforderlich, um das erreichte Niveau zu halten und zu erhöhen.

Empfehlung: Nehmen Sie den Betrieb, der Ihnen angeboten wird, genaustens unter die Lupe. Beachten Sie dabei u.a. die Kriterien, die in der Checkliste „Betriebsübernahme" (Checkliste 1) aufgeführt sind.

Checkliste 1 Betriebsübernahme [Quelle: Starthilfe (1998). BMWi]

Sind Ihre Berufs- und Branchenerfahrung ausreichend?		❐ Mittel
	❐ Ja	❐ Nein
Sind die gesetzlichen Voraussetzungen für die Betriebsübernahme leicht zu erfüllen?		❐ Mittel
	❐ Ja	❐ Nein
Waren die Gewinne der letzten Jahre ausreichend?		❐ Mittel
	❐ Ja	❐ Nein
Ist der Ruf des Betriebes gut?		❐ Mittel
	❐ Ja	❐ Nein
Hat der Betrieb viele Kunden?		❐ Mittel
	❐ Ja	❐ Nein
Sind die Umsätze, die mit diesen Kunden regelmäßig getätigt werden, hoch?		❐ Mittel
	❐ Ja	❐ Nein
Werden Sie mit diesen Kunden ausreichend vertraut gemacht?		❐ Mittel
	❐ Ja	❐ Nein
Sind die Maschinen leistungsfähig?		❐ Mittel
	❐ Ja	❐ Nein
Können Sie damit noch lange konkurrenzfähig sein?		❐ Mittel
	❐ Ja	❐ Nein
Sind die Investitionen, die in nächster Zeit anfallen können, eher gering?		❐ Mittel
	❐ Ja	❐ Nein
Bei Familienbetrieben: Stellt die Erbregelung sicher, daß Sie den Betrieb auch langfristig weiterführen können?		❐ Mittel
	❐ Ja	❐ Nein

Checkliste 1 (Fortsetzung)

Sind die Zukunftsaussichten in der Branche gut?		☐ Mittel
	☐ Ja	☐ Nein
Ist die absehbare Konkurrenzentwicklung günstig für Sie?		☐ Mittel
	☐ Ja	☐ Nein
Kann der Standort langfristig gut gesichert werden (Sied-lungsbau, Sanierung, Verkehrsführung)?		☐ Mittel
	☐ Ja	☐ Nein
Sind die baurechtlichen und bauplanrechtlichen Voraussetzungen für den Betrieb gut?		☐ Mittel
	☐ Ja	☐ Nein
Sind die Geschäftsräume für eine rationelle Fertigung bzw. die richtige Warenpräsentation geeignet?		☐ Mittel
	☐ Ja	☐ Nein
Ist das Betriebsgrundstück frei von Schadstoffen?		☐ Mittel
	☐ Ja	☐ Nein
Sind die Mitarbeiter gut qualifiziert? Gut motiviert?		☐ Mittel
	☐ Ja	☐ Nein
Sind Sie frei von Verpflichtungen gegenüber den Mitarbeitern?		☐ Mittel
	☐ Ja	☐ Nein
Werden viele Mitarbeiter auch bei Ihnen weiterarbeiten?		☐ Mittel
	☐ Ja	☐ Nein

Auswertung: Je mehr Fragen Sie mit „Ja" beantworten, desto günstiger scheinen die Voraussetzungen für die Betriebsübernahme. Je mehr Fragen Sie mit „Mittel" oder „Nein" beantworten, desto dringender sollten Sie Experten um Rat fragen.

Neben diesen Fragen müssen vor Übernahme eines bestehenden Betriebes dessen Wert ermittelt und Dinge wie Haftungen für Verbindlichkeiten und Firmenname nach Übernahme geklärt werden.[3]

---

[3] Vgl. Kirschbaum G, Naujoks W (1998). Erfolgreich in die berufliche Selbständigkeit, S.40 ff

Tip: Bei der Suche nach Übernahmeangeboten sollten Sie auch an die Existenzgründungs- bzw. Nachfolgebörsen der Industrie- und Handelskammern bzw. der Handwerkskammern denken.

Eine spezielle Art der Betriebsübernahme ist der *Management Buy-out (MBO)*. Im Gegensatz zur bisher beschriebenen Betriebsübernahme erfolgt der Erwerb des Unternehmens durch bisher angestellte Führungskräfte. Ansonsten gelten die gleichen Bedingungen wie bei der herkömmlichen Betriebsübernahme.

1.3.3
Betriebsbeteiligung

Man muß nicht zwangsläufig eine neue Unternehmung aufbauen oder eine bereits bestehende Unternehmung übernehmen, um selbständig zu werden.

Man kann sich auch als tätiger Gesellschafter *„einkaufen"*. Dafür gibt es häufig gute Gründe, sei es, daß für eine Neugründung oder Übernahme das Geld nicht ausreicht, daß man fachlich noch zu einseitig ausgerichtet ist oder daß man z.B. bereits vorhandene Vertriebswege für eine eigene technische Neuentwicklung nutzen will.

Vielfach ist die tätige Beteiligung auch der Einstieg in die schrittweise Übernahme einer Unternehmung.

Wie bei der Übernahme gibt es allerdings auch hier Gründe, sich diese Form der Selbständigkeit sorgfältig zu überlegen. Insbesondere muß sichergestellt sein, daß die *Gesellschafter zusammenpassen* und die Voraussetzungen für eine *harmonische Unternehmensführung* gegeben sind.

Ansonsten sind bei der Betriebsbeteiligung im wesentlichen dieselben Überlegungen anzustellen wie bei der Übernahme.

1.3.4
Franchising

Franchising ist eine partnerschaftliche Vertriebsform, bei der ein Partner ein *Geschäftskonzept* einem anderen Partner *zur Nutzung überläßt* („Miete" einer Unternehmensidee).

Beide Seiten bleiben dabei selbständige Unternehmen. Diese Kooperation soll beiden Partnern, dem Franchise-Geber auf der einen und dem Franchise-Nehmer auf der anderen Seite, Vorteile bringen.

Der Franchise-Geber seinerseits erhält die Möglichkeit, seine Produkte, seinen Markennamen und sein ganzes Firmenimage schnell und mit relativ geringem Kapitaleinsatz am Markt zu verbreiten. Der Franchise-Nehmer hingegen übernimmt ein bewährtes Vertriebssystem und bleibt dadurch eher von einem Mißerfolg verschont.

Da der Franchise-Nehmer selbständiger Unternehmer ist, eignet sich die Vertriebsform besonders für Existenzgründer. Hauptschwierigkeiten bei Existenzgründungen, nämlich das Unternehmenskonzept, das erfolgreiche Sortiment, die richtige Absatzstrategie u.ä. werden vom Franchise-Geber zur Verfügung gestellt. Darüber hinaus unterstützt er durch Werbung und betriebswirtschaftliche Beratung.

Die *Seriosität* ist in diesem partnerschaftlichen Verhältnis für beide Seiten wichtig.

Da Franchise-Nehmer ihren Einstieg in bestehende Vertriebssysteme nicht kostenlos erhalten und später in der Regel laufende Gebühren zu zahlen haben, werden „schwarze Schafe" angelockt, die unter dem Decknamen eines modernen und erfolgreichen Vertriebssystems, dem Franchising, unausgereifte Konzepte anbieten und gutgläubige Existenzgründer mit hohen Gewinnaussichten ködern. Nachdem die Eintrittsgebühr zum System entrichtet ist, bleibt man sich dann meist selbst überlassen.

Empfehlung: Die Vertragsgestaltung für beide Seiten ist hier von großer Bedeutung und es gilt in besonderer Weise der Spruch „Es prüfe, wer sich ewig bindet". Um aus den vielen Franchise-Angeboten kein „schwarzes Schaf", sondern ein *seriöses* und *ausgereiftes Konzept* zu wählen, empfiehlt es sich, die Checkliste „Franchising" (Checkliste 2) zu bearbeiten.

Checkliste 2 Franchising [Quelle: Existenzgründung (1997). DIHT]

Gibt es für die angebotenen Waren und Dienstleistungen des Franchise-Gebers eine langfristige Nachfrage in Ihrer Region?	❒ Ja	❒ Nein
Gibt es Serviceleistungen des Gebers in den Bereichen Einkauf, Werbung, PR-Maßnahmen?	❒ Ja	❒ Nein
Hat die spezielle Geschäftsidee gegenüber den Mitbewerbern am Markt konkrete Vorteile?	❒ Ja	❒ Nein

Checkliste 2 (Fortsetzung)

Halten sich die anfallenden Gebühren und Umsatzbeteiligungen, Investitionssummen und Einkaufspreise im marktüblichen Rahmen?	❐ Ja	❐ Nein
Unterstützt Sie der Franchise-Geber bei der Erstellung eines Liquiditätsplans und einer Erfolgsvorschau?	❐ Ja	❐ Nein
Bankenfinanzierung: Gibt es bereits ein partnerschaftliches Verhältnis des Gebers zu einem Kreditinstitut? Bestehen bereits Vereinbarungen zwischen Ihnen?	❐ Ja	❐ Nein
Sind wirklich alle Kosten, kalkulatorische (wie der Unternehmerlohn) eingeschlossen, durch die Handelsspanne vollständig gedeckt?	❐ Ja	❐ Nein
Ist der Anbieter dem deutschen Franchise-Verband in München angeschlossen?	❐ Ja	❐ Nein
Entsprechen die Vertragsfristen der Regelzeit (10 Jahre)?	❐ Ja	❐ Nein
Sind die Leistungen des Franchise-Gebers (Schulungen, betriebliche Unterstützung, Marketingpakete, Handbuch) vertraglich fixiert?	❐ Ja	❐ Nein
Gibt es Werbe- und Produktbeiräte als Interessenvertreter des Franchise-Nehmers?	❐ Ja	❐ Nein
Amortisiert sich innerhalb der Vertragsdauer das investierte Kapital?	❐ Ja	❐ Nein
Honoriert der Lizenzgeber bei Vertragsablauf die bisherige Aufbauleistung?	❐ Ja	❐ Nein
Bei Vertragsverstößen Ihrerseits: Kündigt der Geber nicht mit sofortiger Wirkung, sondern ist eine Abmahnungsmöglichkeit vorgesehen?	❐ Ja	❐ Nein
Erkennt die Deutsche Ausgleichsbank in Bonn den Vertrag an?	❐ Ja	❐ Nein
Legt Ihnen der Geber eine Bestätigung der Deutschen Ausgleichsbank vor, daß eine Förderung von Nehmern dieses Systems grundsätzlich möglich ist?	❐ Ja	❐ Nein

Auswertung: Je öfter Sie „Ja" ankreuzen, um so sicherer fahren Sie mit dem jeweiligen Angebot.

1.3.5
Zusammenfassung

Da es verschiedene Möglichkeiten der Existenzgründung gibt, werden in diesem Abschnitt mögliche Vor- und Nachteile der einzelnen Alternativen anhand der Checkliste „Gründungsmöglichkeiten" (Checkliste 3) gegenübergestellt.

Dabei werden die Sonderformen Spin off und Management-Buyout nicht gesondert aufgeführt.

Die für Ihre Existenzgründung relevanten Kriterien können Sie hierbei stichwortartig festhalten.

Checkliste 3 Gründungsmöglichkeiten [Quelle: Deutsche Bank, 1997]

Form	Vorteile	Nachteile	Für Ihr Vorhaben besonders relevant
Neugründung ohne Partner	▪ Idee, Planung und Umsetzung richten sich nur nach Ihren Vorstellungen ▪ Schnelle Entscheidung ▪ Sie sind Herr im Haus ▪ Gewinn nach Steuern fließt ungeteilt Ihnen zu	▪ Keine Risikoteilung ▪ Sie müssen alles von Grund auf neu angehen ▪ Erhöhte Einkommensunsicherheit	....

Checkliste 3 (Fortsetzung)

Form	Vorteile	Nachteile	Für Ihr Vorhaben besonders relevant
Neugründung mit einem (mehreren) Partner(n)	▪ Verteilte Risiken ▪ Bei unterschiedlichem Eignungsprofil Chanchenoptimierung	▪ Zwang zu Einigkeit birgt Gefahr „halbherziger" und langsamer Entscheidungen ▪ Gefahr der Konzeptverwässerung ▪ Unternehmensgewinn muß von Anfang an für die Partner und gegebenenfalls deren Familien reichen	....
Betriebsübernahme	▪ Höhere Planungssicherheit ▪ Vorhandener Kundenstamm ▪ Bereits eingearbeitete Mitarbeiter ▪ Gegebenenfalls Chance zu günstigem Erwerb	▪ Gefahr eines veralteten Unternehmenskonzepts oder Geräteparks ▪ Mitarbeiterstamm: Motivierbarkeit, Krankenstand	....

Checkliste 3 (Fortsetzung)

Form	Vorteile	Nachteile	Für Ihr Vorhaben besonders relevant
Betriebsbe-teiligung	■ Chance, an Unternehmen zu partizipieren, das „Feuertaufe" bereits bestanden hat ■ Risikobeteiligung ■ Gegebenenfalls relativ geringer Eigenmittelbedarf	■ Einflußnahmemöglichkeiten begrenzt ■ Geschäftspolitik muß abgestimmt werden ■ Gewinnverteilung	....
Franchising	■ Verbesserte Planungsbasis ■ Bewährtes Unternehmenskonzept vermeidet typische Anfängerfehler	■ Kaum Chancen für Konzeptveränderungen ■ Geschäftspolitik muß abgestimmt werden ■ Gewinn durch Vorgaben des Franchise-Gebers beeinflußt	....

1.4
Besonderheiten für bestimmte Personenkreise

Jeder Existenzgründer steht vor den gleichen Anforderungen und Notwendigkeiten.
Dennoch gibt es für bestimmte Personenkreise, für *Hochschulabsolventen* und für *Arbeitslose* beispielsweise, einige Besonderheiten, auf die kurz aufmerksam gemacht werden soll.

1.4.1
Gründungen durch Hochschulabsolventen

Hochschulabsolventen als Existenzgründer sind, wie Untersuchungen zeigen, in Deutschland nicht so selbstverständlich wie in anderen Ländern.

Das liegt zum einen daran, daß das Studienziel eher auf abhängige berufliche Tätigkeiten als auf berufliche Selbständigkeit oder unternehmerische Eigeninitiative ausgelegt ist. Zum anderen werden in den Wirtschaftswissenschaften überwiegend große Unternehmen als Studienobjekte herangezogen, kleine und mittlere Unternehmen dagegen weniger.

Hinzu kommt, daß es für Studenten nicht-technischer, nicht-naturwissenschaftlicher und nicht-medizinischer Fachrichtungen kaum Projekte gibt, die auf eine selbständige Tätigkeit vorbereiten.

Entscheidend jedoch für die Zurückhaltung ist, daß Hochschüler während des Studiums kaum oder sehr spät mit dieser beruflichen Alternative konfrontiert werden. Dazu trägt auch das vergleichsweise noch geringe Angebot an einschlägigen Lehrveranstaltungen und Weiterbildungsmöglichkeiten an Hochschulen bei.

Die Situation in Deutschland zu dem Thema „Hochschulabsolventen als Existenzgründer" läßt sich somit folgendermaßen zusammenfassen: Es gibt so gut wie keine eigenständige „Unternehmerkultur" bei Hochschulabsolventen. In den USA kann man die Hochschulen als regelrechte „Unternehmerschmieden" bezeichnen, wohingegen in Deutschland Existenzgründungslehrgänge oder Netzwerke zwischen Universität und Wirtschaft noch Seltenheitswert haben.

Erfreulicherweise sind jedoch an manchen Hochschulen bereits Aktivitäten in dieser Richtung erkennbar. Weg von der Theorie hin zur Förderung des Unternehmertums, heißt jetzt in immer mehr Hörsälen die Devise. Dort erfahren angehende Firmenchefs in neuen Studiengängen alles zu Themen wie Unternehmenskonzept, Verhandlungstechnik, Venture Capital und trainieren mit Hilfe von Fallstudien die Gründung eines eigenen Unternehmens.

Hinweis: Welche Hochschulen Lehrstühle für Gründer eingerichtet haben und wie man mit diesen Hochschulen in Kontakt treten kann entnehmen Sie bitte dem Anhang.

Das Problem der bisherigen Zurückhaltung von Hochschulabsolventen als Existenzgründer wurde auch von der Bundesregierung erkannt. In einem Interview mit der Zeitschrift GRÜNDERZEIT (01/99) verrät Werner Müller, Bundesminister für Wirtschaft und Technologie, wie der Bund künftigen Jungunternehmern aus dem Kreis der Hochschulabsolventen den Start in die Selbständigkeit erleichtern will:

> Wir tun einiges, um dem Beispiel der USA zu folgen. Das Bundeswirtschaftsministerium hat bereits eine Initiative zur Errichtung von Lehrstühlen für Unternehmertum und Existenzgründung gestartet. Den ersten Stiftungslehrstuhl hat die Deutsche Ausgleichsbank finanziert. Inzwischen ziehen andere Unternehmen nach. Bis zum Jahresende soll ein Netz von etwa zehn solcher Lehrstühle entstehen. An vielen Hochschulen gibt es jetzt Postgraduierten-Ausbildungen, die systematisch auf die Selbständigkeit vorbereiten. Auch der EXIST-Wettbewerb des Bundesbildungsministeriums hat eine stärkere Auseinandersetzung mit Fragen der Selbständigkeit bewirkt. Er zielt darauf, regionale Netzwerke zu knüpfen, die den Schritt in die Selbständigkeit erleichtern.

Mit diesen Ansätzen will Werner Müller eine gewaltige Gründeroffensive in Gang setzen. 1999 unterstützte sein Ministerium innovative Jungunternehmer mit insgesamt 13 Milliarden Mark.

Auch das Interesse der Hochschulabsolventen am Thema Existenzgründung ist mittlerweile größer geworden. Hochschulabsolventen, die die Selbständigkeit als berufliche Chance nutzen möchten, sollten jedoch folgende Punkte beachten:

- *Großes Fachwissen – keine kaufmännischen Kenntnisse*
  Viele Hochschulabsolventen haben ein großes Fachwissen. Das allein reicht aber nicht aus, um als Existenzgründer erfolgreich zu sein. Kaufmännisches Wissen ist für den Bestand einer Existenzgründung genauso wichtig wie fachliches Know-how. Deshalb ist es besonders wichtig, Informations- und Qualifikationsdefizite in den entsprechenden Bereichen durch Weiterbildungen auszugleichen.

- *Gute Gründungsidee – fehlende Marktkenntnisse*
Viele Hochschulabsolventen gründen ein Unternehmen mit einer ganz besonderen Geschäftsidee – gerade technologieorientierte Gründer, die vielleicht sogar eine Erfindung gemacht haben. Ihnen fehlen allzuoft aber Kenntnisse darüber, welche Produkte oder Dienstleistungen am Markt bestehen können oder ob es Konkurrenten mit einem ähnlichen Angebot gibt.

- *Hoher Kapitalbedarf*
Vor allem für ein technologieorientiertes Unternehmen benötigen Gründer viel Kapital. Besonders dann, wenn für eine Erfindung erst ein Prototyp erarbeitet werden muß, bevor das Produkt in Serie hergestellt werden kann. Mit einem passenden Finanzplan – der auch staatliche Fördermittel, Bürgschaften und Beteiligungskapital berücksichtigt – können hohe Forschungs-, Entwicklungs- und Investitionskosten gedeckt werden.

- *Gute Geschäftsidee – kein Vertriebsnetz*
Viele – vor allem technologierorientierte – Gründer haben eine exzellente Geschäftsidee. Sie vergessen darüber aber oft zu ermitteln, welche Kunden für ihr Angebot in Frage kommen und wie diese erreicht werden können. Aber ohne ein gutes Vertriebsnetz nützt das beste Produkt oder die beste Dienstleistung nichts. Knüpfen Sie Kontakte, z.B. auf Messen, und informieren Sie sich auch über Vertriebswege, z.B. über die Außenhandelskammern.

- *Kooperationspartner*
Gerade für technologieorientierte Gründungen benötigt man viel Kapital, das unternehmerische Risiko ist hoch, der Bedarf an Know-how ebenso. Hier mit einem oder mehreren Partnern zu arbeiten hat viele Vorteile:

1. Ausgleich fachlicher bzw. kaufmännischer Defizite.
2. Höheres Eigenkapital.
3. Höherer Anteil an Geldern aus Förderprogrammen.
4. Risikostreuung.

Technologie- und Gründerzentren, die sich häufig in der Nachbarschaft von Hochschulen angesiedelt haben, leisten gute Hilfestellung bei der Suche nach einem Kooperationspartner.

Tip: Lassen Sie sich beraten! Suchen Sie Hilfe und Unterstützung für den Weg in die Existenzgründung auch bei Ihren Professoren.

Kontaktadressen: Neben herkömmlichen Anlaufstellen, sind im Anhang Kontaktadressen speziell für Hochschulabsolventen aufgeführt. Darunter fallen beispielsweise die Steinbeis-Stiftung für Wirtschaftsförderung oder der Förderkreis Gründungs-Forschung e.V.

1.4.2
Gründungen durch Arbeitslose

In den letzten Jahren haben immer mehr Menschen aus allen Branchen und Berufszweigen ihren Arbeitsplatz verloren. Vielen erscheint der Weg in die berufliche Selbständigkeit ein realistischer Weg aus der Arbeitslosigkeit zu sein. Dabei sind gerade die höher qualifizierten Angestellten besonders erfolgreich, wenn sie ein eigenes Unternehmen gründen. Allerdings ist nicht jeder, der aus der Arbeitslosigkeit heraus ein eigenes Unternehmen gründen will, dafür geeignet und nicht jeder Versuch ist erfolgreich.

Um gegen eventuelle Schwierigkeiten gewappnet zu sein und um vorhandene Hilfen effektiv nutzen zu können, sollten Sie folgende Hinweise berücksichtigen:

- *Selbständigkeit als Berufswunsch*
  Die Idee, sich selbständig zu machen, sollte schon während der Berufstätigkeit gereift sein. Der künftige Existenzgründer sollte in seinem alten Arbeitsverhältnis bereits kreativ und eigenverantwortlich gearbeitet haben.

- *Stimmt das Gründungskonzept?*
  Viele Arbeitslose, die sich selbständig machen, sind nicht die „geborenen Unternehmer". Sie gründen aus der Not heraus Existenzen, die kaum Überlebenschancen haben: ohne ausreichende Vorbereitung, ohne ausgereiftes Gründungskonzept und ohne eigenes Kapital.

- *Sicherheit wiederfinden*
  Auch wenn das Konzept stimmt und die beruflichen Qualifikationen ausreichen: mit länger andauernder Arbeitslosigkeit verlieren die meisten Menschen an Selbstvertrauen. Eine Existenzgründung erfordert aber viel „Stehvermögen", z.B. bei Verhandlungen mit Kreditinstituten und Ämtern.

Tip: Das Angebot an Beratungsleistungen und Hilfestellungen ist vielfältig. Es reicht von Tagesseminaren über mehrwöchige Schulungen bis zu Programmen, die eine langfristige „Rundum"-Betreuung und Begleitung während und nach der Gründung anbieten. Eine derartige Betreuung über die Gründungsphase hinaus über einen Zeitraum von fünf Jahren, bieten beispielsweise zwölf Agenturen in Nordrhein-Westfalen an. Die Arbeit der Agenturen wird von der G.I.B. (Gesellschaft für innovative Beschäftigungsforderung) in Bottrop koordiniert, deren Adresse Sie dem Anhang entnehmen können.

- *Problem Eigenkapital*
Arbeitslose verfügen oft nicht über das erforderliche Eigenkapital, um ein Gründungsdarlehen zu bekommen. In der Regel ist ein Eigenkapitalanteil von rund 15% der beabsichtigten Investitionssumme Voraussetzung. Viele Kreditinstitute sind jedoch bei Kreditgesprächen mit „arbeitslosen Gründern" eher zurückhaltend.

- *Öffentliche Hilfen*
Arbeitslose, die sich selbständig machen, können zur Sicherung des Lebensunterhaltes ein Überbrückungsgeld erhalten. Es wird für die Dauer von sechs Monaten gezahlt. Die Höhe richtet sich nach dem zuletzt gezahlten Arbeitslosengeld bzw. der Arbeitslosenhilfe.

Voraussetzungen: Das Gründungsvorhaben muß als wirtschaftlich sinnvoll eingestuft sein. Außerdem muß der Antragsteller mindestens vier Wochen lang unmittelbar vor dem Unternehmensstart Arbeitslosengeld, Arbeitslosenhilfe oder Kurzarbeitergeld bezogen oder an einer Arbeitsbeschaffungsmaßnahme teilgenommen haben. Ansprechpartner sind die Arbeitsämter.

Darüber hinaus gewährt das Arbeitsamt einen Zuschuß für Versorgungsmaßnahmen (z.B. Krankenversicherung).
Das Sozialamt kann – wenn die selbständige Tätigkeit die Lebenshaltungskosten (noch) nicht deckt – Gründern außerdem solange anteilig den Lebensunterhalt finanzieren, bis sich der neugegründete Betrieb rentiert und der Lebensunterhalt gesichert ist. Darüber hinaus kann es – für Sozialhilfeempfänger – sogar einen Teil des Kapitalbedarfs zum Unternehmensstart decken: durch einen Kredit oder einen nicht rückzahlbaren Zuschuß.

Achtung: Es handelt sich hier ausdrücklich um *Kann-Bestimmungen.* Voraussetzung für eventuelle Zahlungen ist die erfolgreiche Prüfung des Unternehmenskonzepts durch Bank oder IHK.
Ausführliche Hinweise gibt die Broschüre „Sozialhilfe, Ihr gutes Recht" des Bundesministeriums für Gesundheit. Fragen Sie auf jeden Fall das für Sie zuständige Sozialamt.

Hinweis: Zahlreiche Bundesländer haben eigene Förderprogramme für Gründungen aus der Arbeitslosigkeit aufgelegt (z.B. Zuschüsse, Darlehen etc.). Eine Übersicht darüber enthält die Broschüre „GründerZeiten" Nr.9/10 des BMWi.
Seit 1. Mai 1999 bietet die Deutsche Ausgleichsbank das sogenannte „DtA-Startgeld" an, das besonders auf Arbeitslose, Frauen oder Gründer von Dienstleistungen zugeschnitten ist. Es handelt sich dabei um ein langlaufendes Darlehen bis maximal 100.000 DM. Das Besondere für die Hausbanken ist dabei, daß die DtA eine 80prozentige Haftungsfreistellung bietet und für jedes zugesagte Darlehen eine einmalige Bearbeitungsgebühr erhebt.

Kontaktadressen: Grundsätzlich sollten sich Arbeitslose oder von Arbeitslosigkeit Bedrohte von Beratern der örtlichen Arbeitsämter (fragen Sie nach Coaching- und Existenzgründerseminaren), Industrie- und Handelskammern, Handwerkskammern, Technologie- und Gründerzentren informieren und beraten lassen.
Eine gute Anlaufstelle für diesen Personenkreis ist der gemeinnützige Verein „Verein zur Erschließung neuer Beschäftigungsformen e.V.". Die ausführliche Adresse entnehmen Sie bitte dem Anhang.

1.5
Die passende Rechtsform

Wirtschaftliches Handeln vollzieht sich in einem vielschichtigen System rechtlicher Bestimmungen und vertraglicher Vereinbarungen.
In diesem Zusammenhang berührt jeden Gründer die Frage nach der Rechtsform. Unter welcher Rechtsform Sie Ihr Unternehmen führen werden, hat rechtliche, finanzielle und steuerliche Konsequenzen. Wichtig ist, jede Rechtsform in ihren Grundzügen zu kennen, um sich überlegt zu entscheiden.
Aus diesem Grund wird in diesem Abschnitt zunächst auf das Angebot der Rechtsformen und deren Merkmale eingegangen.

1.5.1
Mögliche Rechtsformen

Wer den Schritt in die Selbständigkeit wagt, muß sich auch mit der Frage der passenden Rechtsform auseinandersetzen. Welche Rechtsformen für die Existenzgründung zur Verfügung stehen, zeigt die Abb. 4.

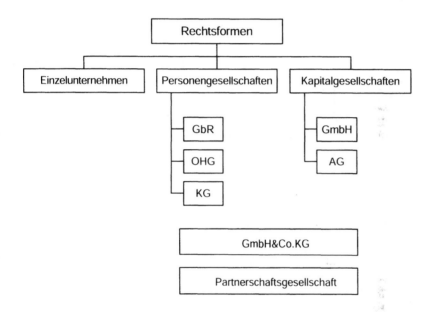

Abb. 4 Mögliche Rechtsformen

Vorweg: Die optimale Rechtsform gibt es nicht, denn jede Rechtsform hat ihre spezifischen Vor- und Nachteile.

Welche Rechtsform für Ihren Betrieb die richtige ist, hängt von einer Reihe von Einflußgrößen ab. Die in der Checkliste „Rechtsformen" (Checkliste 4) dargestellte Übersicht soll Ihnen eine Orientierung zu den gängigsten Rechtsformen geben.

Checkliste 4 Rechtsformen

Rechtsform	Einzelunter-nehmen	GbR	OHG	GmbH
Gesetzliche Regelung	HGB	BGB	HGB	GmbHG
Anzahl Grün-derpersonen	Mind. 1	Mind. 2	Mind. 2	Mind. 1
Kapitalaus-stattung	Kein Min-destkapital	Kein Min-destkapital	Kein Min-destkapital	50.000 DM einzuzahlen; insg. mind. 25.000 DM
Eintragung ins Handels-register	Ja	Nein	Ja	Ja
Geschäftsfüh-rung und Vertretung	Inhaber	Alle Gesell-schafter sind zur Ge-schäftsfüh-rung berech-tigt und ver-pflichtet	Alle Gesell-schafter sind zur Ge-schäftsfüh-rung und Vertretung berechtigt und ver-pflichtet	Alle Ge-schäftsführer führen und vertreten die Gesellschaft gemeinsam
Gewinnbeteili-gung (soweit im Gesell-schaftsvertrag nicht anders geregelt)	Inhaber	Alle Gesell-schafter zu gleichen Teilen	Zunächst Verzinsung der Geschäft-seinlage mit 4%, der Rest wird nach Köpfen ver-teilt	Verteilung nach der Hö-he der Ge-schäftsanteile
Haftung	Inhaber haf-ten mit Ge-schäfts- und Privatvermö-gen unbe-schränkt	Gesellschaf-ter haften mit Geschäfts-und Privat-vermögen unbeschränkt	Gesellschaf-ter haften mit Geschäfts-und Privat-vermögen unbeschränkt	Gesellschaf-ter haften nur mit Ihrem Anteil
Firmierung	Vor- und Zuname des Inhabers (z.B. Metzge-rei Hans Hu-ber)	Vor- und Zuname aller Gesellschaf-ter	Familienna-me mind. eines Gesell-schafters mit Zusatz der Rechtsform	Familienna-me oder Ge-genstand des Betriebes, jeweils mit Zusatz GmbH

Gängige Übersichten zu den Vor- und Nachteilen der verschiedenen Rechtsformen können teilweise in die Irre führen. Aus einem redaktionellen Beitrag von Carsten Prudent in der GRÜNDERZEIT (01/99) lassen sich folgende Hilfestellungen zusammenfassen:

Für Einzelkämpfer: Wer keine Partner hat, kann praktisch von heute auf morgen als Einzelunternehmer gründen. Nachteil: Für sämtliche Geschäftsschulden haftet der Gründer mit dem Privatvermögen.

Für einen bescheidenen Start: Möchten Partner klein anfangen, um die Rechtsform bei Bedarf und möglichst unbürokratisch zu wechseln, empfiehlt sich die Gesellschaft bürgerlichen Rechts (GbR oder BGB-Gesellschaft). Sie entsteht automatisch, wenn mehrere Personen ein gemeinsames Geschäftsziel verfolgen und nicht ausdrücklich eine andere Rechtsform vereinbart haben. Auch wenn kein Gesellschaftsvertrag vorgeschrieben ist, empfiehlt es sich, den Geschäftszweck sowie die Rechte und Pflichten der Partner schriftlich festzuhalten. Auch hier haftet jeder Partner mit seinem privaten Vermögen.

Für Alleinherrscher: Hier kommt v.a. die Kommanditgesellschaft (KG) mit ihren zwei Gesellschafter-Typen in Frage. Die Komplementäre (oft nur einer) leiten das Unternehmen, haften jedoch mit ihrem Privatvermögen. Die Kommanditisten (meist mehrere) sind nicht berechtigt, auf die Geschäftsführung der KG Einfluß zu nehmen oder die KG nach außen zu vertreten. Dafür haften sie nur in Höhe ihrer Einlage. Es ist ratsam, bei dieser Rechtsform einen Gesellschaftsvertrag aufzusetzen.

Für echte Partner: Zum einen steht hier die Offene Handelsgesellschaft (OHG) zur Verfügung, die im Prinzip eine größere BGB-Gesellschaft mit Eintrag ins Handelsregister darstellt. Bei Geschäftspartnern und Kreditinstituten ist diese Rechtsform gerne gesehen, da jeder Gesellschafter mit seinem gesamten Vermögen unbeschränkt haftet.

Zum anderen steht die Gesellschaft mit beschränkter Haftung (GmbH) zur Verfügung. Diese Art der Rechtsform wird bei partnerschaftlichen Existenzgründungen oft bevorzugt, da sämtliche Gesellschafter nur mit ihrer Einlage haften und das Gründungsrisiko somit überschaubar bleibt.

Für Freiberufler: Durch das seit Juli 1995 gültige Gesetz zur Schaffung von Partnerschaftsgesellschaften haben auch Freiberufler die Möglichkeit, eine Gesellschaft zu gründen, die sich von der GbR durch die Möglichkeit einer Haftungsbegrenzung unterscheidet. Diese Partnerschaft kann als juristische Person Rechte erwerben und Verbindlichkeiten eingehen, wobei jeder Partner die Gesellschaft nach außen vertreten kann (näheres regelt das PartGG).

Eine weitere Kooperationsform für Freiberufler stellt die Büro- oder Praxisgemeinschaft dar. Hier nutzen mehrere Ärzte, Architekten oder Steuerberater Büro und Personal gemeinsam und teilen sich die Kosten. Dennoch arbeitet jeder Partner auf eigene Rechnung und hat auch seinen eigenen Mandanten- oder Patientenstamm. Keiner haftet für Beratungs- oder Behandlungsfehler der anderen. Dies unterscheidet die Praxisgemeinschaft von der Gemeinschaftspraxis (Sozietät), wo Mandanten/Patienten und Honorare in einem Topf landen und jeder auch für die Fehler der anderen einstehen muß.

Auch die Rechtsformen der *GmbH&Co.KG und AG* können im Einzelfall sinnvoll sein, kommen jedoch in der Praxis bei Existenzgründungen selten vor und werden deshalb im Rahmen dieser Publikation nicht näher erläutert.

1.5.2
Kriterien für die Auswahl

Wie bereits erwähnt, wird ein Existenzgründer die optimale Rechtsform nicht finden können, da jede ihre Vor- und Nachteile hat. Jedoch gibt es eine Vielzahl von Kriterien, die bei der Entscheidung auf jeden Fall berücksichtigt werden sollten:

- Haftungsverhältnisse
- Leitungsbefugnis
- Eigenkapitalausstattung
- Gewinn- und Verlustbeteiligung
- Gesellschaftsvertrag
- Steuerbelastung

Tip: Setzen Sie sich in Steuerfragen am besten mit Ihrem Steuerberater in Verbindung.

Die Wahl der Rechtsform sollte jedoch immer nach der Devise „Entscheidend sind Branche, Größe und Strategie des Firmenchefs" getroffen werden. Um dem Einzelnen eine Hilfestellung bei der Auswahl der Rechtsform im Hinblick auf die oben genannten Kriterien zu geben, wird dieser Abschnitt durch die Checkliste „Rechtsformwahl" (Checkliste 5) ergänzt.

Checkliste 5 Rechtsformwahl

Ist Ihre Gründung mit hohen Investitionen verbunden?	☐ Ja	☐ Nein
Können Sie viel Eigenkapital aufbringen?	☐ Ja	☐ Nein
Ist Ihr Vorhaben risikoreich?	☐ Ja	☐ Nein
Wollen Sie die Haftung beschränken?	☐ Ja	☐ Nein
Ist die Rechtsform der Größe angepaßt?	☐ Ja	☐ Nein
Wollen Sie Ihr Unternehmen allein betreiben?	☐ Ja	☐ Nein
Wollen Sie das Unternehmen selbst leiten?	☐ Ja	☐ Nein
Wollen Sie alleinige Entscheidungsbefugnis?	☐ Ja	☐ Nein
Sind Sie auf ein festes monatliches Gehalt angewiesen?	☐ Ja	☐ Nein
Soll die Rechtsform hohes Ansehen haben?	☐ Ja	☐ Nein
Soll der Fortbestand Ihrer Unternehmung auch nach Ihrem Tod gewährleistet sein?	☐ Ja	☐ Nein

1.5.3
Fazit

Welche Rechtsform Sie für Ihr Unternehmen wählen, hängt von individuell verschiedenen Aspekten ab, jedoch gilt generell:

- Es gibt nicht die „richtige" Rechtsform – jede Rechtsform hat ihre Vor- und Nachteile.
- Es ist keine Entscheidung für die Ewigkeit – ein Wechsel der Rechtsform ist jederzeit möglich.
- Entwicklungsspielraum für die Zukunft gewähren.

2 Ausgangslage

Sie tragen sich mit dem Gedanken, ein Unternehmen zu gründen? Mit der Bereitschaft, sich auf Ihre Unternehmensgründung umfassend vorzubereiten, haben Sie Ihre Erfolgschancen bereits um einiges verbessert. Das charakterisiert Sie nämlich als einen Menschen, der vorausschauend denkt und den Erfolgsfaktor „Wissen" berücksichtigt – unternehmerische Eigenschaften, die jeder braucht, der sein Ziel erreichen will.

Dieses Kapitel beschäftigt sich mit der *Ausgangslage* einer erfolgreichen Existenzgründung – *dem Gründer selbst und seiner Idee* – und soll Ihnen helfen, Ihre eigene Gründungssituation richtig einzuschätzen.

2.1
Die Gründungsidee

Erfolgsversprechende Ideen und Nischen für engagierte „gründungswillige" Personen gibt es überall. Das Problem ist manchmal nur, daß keiner diese Nischen entdeckt bzw. jemand einem zuvorkommt.

Welche Möglichkeiten es gibt, eine Gründungsidee zu bekommen bzw. zu finden, behandeln die nun folgenden Abschnitte.

2.1.1
Die „zündende" Idee

Meist sind „zündende" Gründungsideen Auslöser für die Überlegung, sich selbständig zu machen.

Da ist beispielsweise der Techniker, der in seiner Freizeit ein völlig neues Produkt ausgetüftelt hat und dieses herstellen und vertreiben will, oder der angestellte Verkäufer, der im täglichen Umgang mit den Kunden eine Marktlücke entdeckt hat, die er für sich gewinnbringend schließen will.

Daß eine zündende Idee Anstoß einer Existenzgründung sein kann, macht folgendes Beispiel von Uwe Kirst aus seinem Buch *Selbständig mit Erfolg: Von der Gründungsidee zum eigenen Unternehmenskonzept (4. Aufl., 1999)* deutlich:

> Klaus Schumacher aus Hamburg ist Elektriker. Er war Angestellter eines Unternehmens, das Leuchtschriften installiert und wartet. War eine solche Anlage zu reparieren, behob Herr Schumacher den Schaden, reinigte dabei aber gleichzeitig die Glaskörper, was den jeweiligen Firmen recht war. Das brachte den Elektriker auf die Idee, das Reinigen von Leuchtschriften als selbständige Dienstleistung und auf eigene Rechnung anzubieten. Da er Elektrofachmann war, konnte er darüber hinaus beim Reinigen entstehenden Schaden verhindern. Das von ihm gegründete Unternehmen entwickelte sich sehr erfolgreich.

Neben solchen Personen, die mehr oder weniger zufällig auf eine Gründungsidee stoßen, gibt es auch andere, die zwar die feste Absicht haben, sich selbständig zu machen, denen es aber an einer tragfähigen Gründungsidee fehlt. In diesem Fall muß die Suche nach einer Gründungsidee gezielt vorgenommen werden.

2.1.2
Kundenbeobachtung als Anstoß

An erster Stelle empfiehlt sich die genaue Beobachtung des Kaufverhaltens der Kunden. Häufig stellt man fest, daß Kunden (oder Sie selber) mit einem Produkt oder einer Dienstleistung nicht zufrieden sind und Kritik, Änderungs- und Verbesserungsvorschläge äußern.

Diese Informationen können dann unter Umständen in eine Gründungsidee umgesetzt werden.

Eine außergewöhnliche Geschäftsidee, deren Ursprung u.a. in der Kundenbeobachtung lag, hat die Zeitschrift GRÜNDERZEIT (01/99) aufgespürt:

> Ohne Tränen geht ein Friseurbesuch bei Kindern selten ab. Bei Child Plaza, dem ersten Friseur für kleine Jungen und Mädchen in der japanischen Millionenstadt Osaka, ist hingegen Freude angesagt, wenn die Kleinen wieder einen neuen Haarschnitt brauchen. Damit die Kinder still sitzen bleiben und nicht rebellieren, wurde der Salon wie ein Spielzimmer eingerichtet. Die Kinder nehmen nicht auf unbequemen Stühlen Platz, sondern in Autos, auf Holzpferden oder in Mini-Raketen. Während der Friseur schneidet und frisiert, laufen Disney-Videos. Wasser und Shampoo sprudeln aus Elefantenrüsseln. Mütter können während der Behandlung beruhigt einkaufen gehen, ein elektronischer Melder informiert sie, wenn Sohn oder Tochter fertig ist. Den Service gibt es ab etwa 25 Mark. 40 bis 50 Kinder kommen täglich zu Child Plaza.

Neben dieser erfolgreichen Gründungsidee hat das Magazin weitere Ideen vorgestellt, die sich ohne großen Forschungs- und Entwicklungsaufwand realisieren lassen:

- Buchhaltung für Vereine
- Werbung auf Ordnern
- Fahrschule für Frauen
- Maßgarderobe frei Haus
- Mobiler Massagedienst
- Individuelle Trauerfeiern
- Fleisch aus Australien

All diese Beispiele sind in interessanten Nischen angesiedelt und hatten Ihren Ursprung mehr oder weniger in der Kundenbeobachtung.

2.1.3
Externe Denkanstöße

Auch externe Denkanstöße können zu einer Gründungsidee führen. Diese Denkanstöße kann man sich beim Besuch von Messen und Ausstellungen, beim Studium von Fachzeitschriften oder durch „Anzapfen" von Datenbanken bzw. Technologiebörsen holen.

Eine sehr interessante Anlaufstelle in diesem Zusammenhang stellt die Ideenbörse des „Forum Innovation" dar. In dieser Internet-Börse (Internet-Adresse siehe Anhang) suchen internationale Unternehmen, Forschungsinstitute und Wissenschaftsagenturen nach Vertriebspartnern.

2.1.4
Eigenschaftsanalyse

Ausgangspunkt für die Suche nach einer Produktidee kann auch die Eigenschaftsanalyse sein.

Hierbei geht man von den Eigenschaften eines bereits vorhandenen Produktes aus, listet diese systematisch auf und überlegt, welche Produktänderungen oder -ergänzungen in den Augen des Verbrauchers eine Verbesserung des Produktes bedeuten könnten.

Fallbeispiel. Verbessert wurde seinerzeit ein Koffer durch kleine Rädchen an der Unterseite, die den Transport erleichterten. Koffer wurden aber auch so umgestaltet, daß man sie platzsparend ineinander stapeln kann.

Generell können Sie bei der Ideensuche mit Hilfe der Eigenschaftsanalyse folgende Dinge untersuchen:

- Die Leistung des Produktes
- Die Qualität des Produktes
- Das Gewicht des Produktes
- Bessere und preiswertere Materialien
- Zweckmäßige Gestaltung

Aber auch formgestalterische Überlegungen können zu einer Gründungsidee führen. Untersuchen Sie dabei:

- Das Design des Produktes
- Die Farbgebung des Produktes
- Die Verpackung des Produktes

Tip: Suchen Sie in dem Sachgebiet, das sie am besten beherrschen und Ihnen Freude bereitet. Lassen Sie sich auch nur dann von gesellschaftlichen und wirtschaftlichen Trends leiten, wenn Sie in Ihr Profil passen. Zudem müssen Sie sich darüber im klaren sein, daß manche Trends nur kurzfristige Modeerscheinungen sein können.

Wichtig: Egal, welchen Weg Sie zur Findung einer Gründungsidee wählen: Lassen Sie sich bei Ihren Überlegungen immer von den Markterfordernissen leiten, denn am Markt wollen Sie das Produkt ja schließlich verkaufen.
   Die meisten Kreditinstitute und Branchenverbände stellen auf Anfrage ausführliche Prognosen bzgl. den Perspektiven Ihrer Geschäftsidee zur Verfügung.

Achtung: Hüten Sie Ihre Zunge! Manche Idee rechnet sich für Sie nur, wenn Sie der erste am Markt sind. Seien Sie nicht zu vertrauensselig und sichern Sie sich durch Verschwiegenheit Ihren notwendigen zeitlichen Vorsprung.

2.2
Persönliche und fachliche Eignung

Die Gründung Ihres Unternehmens soll erfolgreich sein – das ist Ihr Ziel. Sie verfügen über eine Idee, zerbrechen sich den Kopf über die

Finanzierung und halten Ausschau nach geeigneten Kunden. Doch alle Mühen und Anstrengungen werden vergeblich sein, wenn Sie selbst nicht der Mensch sind, für den Sie sich halten: ein Unternehmer, der alles überblickt, genau im richtigen Moment die passende Entscheidung trifft und Schritt für Schritt zum Erfolg gelangt.

Um zu prüfen, ob Sie die richtige persönliche Einstellung zum Unternehmerdasein haben und ob Ihre Voraussetzungen für eine erfolgreiche Existenzgründung stimmen, können Sie die Checkliste „Persönlichkeitstest" (Checkliste 6) durcharbeiten. Seien Sie dabei ehrlich zu sich selbst. Wählen Sie zu jeder Frage eine der möglichen Antworten aus. Im Anschluß an die Checkliste finden Sie die Auswertung des Tests.

Checkliste 6 Persönlichkeitstest [Prof. Dr. Heinz Klandt, Universität Dortmund, 1997]

Prüfen Sie Ihre Ausbildung und Erfahrung!		
Paßt Ihre Berufsausbildung (praktische Erfahrung) zur Branche, in der Sie sich selbständig machen wollen?	Ja, in jedem Fall	☐ 2 Pkt.
	Nur zum Teil	☐ 1 Pkt.
	Nein	☐ 0 Pkt.
Konnten Sie in Ihrem Berufsleben schon Führungserfahrungen sammeln? Das heißt, hatten Sie die Arbeit von Mitarbeitern zu organisieren und zu kontrollieren?	Ja, mehrjährige Führungserfahrung	☐ 2 Pkt.
	Höchstens zweijahrige Erfahrung	☐ 1 Pkt.
	Nein	☐ 0 Pkt.
Besitzen Sie eine gut fundierte kaufmännische oder betriebswirtschaftliche Ausbildung und/oder entsprechend zu bewertende Erfahrung?	Ja, umfangreiche Qualifikation	☐ 2 Pkt.
	Ja, ich bin ausreichend qualifiziert	☐ 1 Pkt.
	Keine derartige Ausbildung/Erfahrung	☐ 0 Pkt.
In welchem Umfang konnten Sie bisher Vertriebserfahrungen sammeln?	Mehrjährige Vertriebserfahrung	☐ 2 Pkt.
	Bis zu zweijährige Vertriebserfahrung	☐ 1 Pkt.
	Keine oder geringe Vertriebserfahrung	☐ 0 Pkt.

Checkliste 6 (Fortsetzung)

Prüfen Sie Ihre finanziellen Voraussetzungen!		
Haben Sie ein finanzielles Polster, so daß Sie sich in einer gewissen Unabhängigkeit von Banken oder anderen Kapitalgebern selbständig machen können?	Ja, in jedem Fall	❐ 2 Pkt.
	Ja, mit Einschränkungen	❐ 1 Pkt.
	Nein	❐ 0 Pkt.
Kann Ihr Partner durch sein Einkommen für den gemeinsamen Lebensunterhalt sorgen, oder haben Sie andere sichere Einkommensquellen?	Ja, in jedem Fall	❐ 2 Pkt.
	Ja, mit Einschränkungen	❐ 1 Pkt.
	Nein, gar nicht	❐ 0 Pkt.

Prüfen Sie, zu welchen Opfern Sie bereit sind!		
Sind Sie bereit, zumindest in den ersten Jahren 60 und mehr Stunden pro Woche zu arbeiten?	Ja, in jedem Fall	❐ 2 Pkt.
	Mit gewissen Einschränkungen	❐ 1 Pkt.
	Nein, in keinem Fall	❐ 0 Pkt.
Können Sie für wenigstens zwei Jahre weitgehend auf Urlaub, Freizeit und Familienleben verzichten?	Ja, in jedem Fall	❐ 2 Pkt.
	Ja, eventuell	❐ 1 Pkt.
	Nein, eigentlich nicht	❐ 0 Pkt.
Wollen Sie riskieren, in dieser Zeit kein regelmäßiges und stabiles Einkommen zu erzielen?	Ja, in jedem Fall	❐ 2 Pkt.
	Ja, eventuell	❐ 1 Pkt.
	Nein, nur ungern	❐ 0 Pkt.

Prüfen Sie Ihre Fitneß!		
Waren Sie in den letzten Jahren durchweg körperlich fit und leistungsfähig?	Ich war praktisch nie krank	❐ 2 Pkt.
	Ich war nur gelegentlich leicht krank	❐ 1 Pkt.
	Ich war häufiger/für längere Zeit krank	❐ 0 Pkt.
Halten Sie auch auf Dauer Streßsituationen stand, weichen Sie solchen Situationen nicht aus, sondern gehen die notwendigen Problemlösungen an?	Überwiegend ja	❐ 2 Pkt.
	Eher ja	❐ 1 Pkt.
	Nur sehr bedingt	❐ 0 Pkt.

Checkliste 6 (Fortsetzung)

Sind Sie beruflich bisher schon gewohnt, sich selber Ziele zu setzen und diese ohne Druck durch Vorgesetzte selbständig zu verfolgen?	Ja, sehr häufig	❐ 2 Pkt.
	Manchmal	❐ 1 Pkt.
	Nur ausnahmsweise	❐ 0 Pkt.

Prüfen Sie, was für Sie auf dem Spiel steht!

Die Aufstiegschancen und Verdienstmöglichkeiten bei Ihrem bisherigen Arbeitgeber und für sie allgemein als Arbeitnehmer sind...	Weniger gut	❐ 2 Pkt.
	Durchschnittlich	❐ 1 Pkt.
	Sehr gut	❐ 0 Pkt.

Glauben Sie, daß Sie als Selbständiger noch ruhig schlafen können, wenn Sie an die möglichen Unsicherheiten einer unternehmerischen Existenz denken?	Kein Grund zur Beunruhigung	❐ 2 Pkt.
	Werde damit leben	❐ 1 Pkt.
	Bin eher unsicher	❐ 0 Pkt.

Hat Ihr Partner eine positive Einstellung zur beruflichen Selbständigkeit und ist er bereit, Sie bei Ihren Gründungsaktivitäten und in den ersten Jahren zu unterstützen?	Ja, in jedem Fall	❐ 2 Pkt.
	Ja, zum Teil / Keine feste Beziehung	❐ 1 Pkt.
	Nein, eher nicht	❐ 0 Pkt.

Auswertung des Tests:

Addieren Sie Ihre Punktzahl aus den Antwortalternativen und lesen Sie die nachfolgende Bewertung. Natürlich können Sie mit einem solch knappen Selbstcheck nur erste Hinweise erhalten. Suchen Sie deshalb auch andere Möglichkeiten der Reflexion und Prüfung. Zum Beispiel durch den Besuch von Seminaren oder Gespräche mit Beratern.

0 bis 14 Punkte

Sie sollten sich noch einmal die Frage stellen, ob Sie wirklich eine unternehmerische Selbständigkeit anstreben wollen oder ob Sie als Angestellter nicht doch ein für Sie persönlich besser geeignetes Arbeitsumfeld vorfinden.

15 bis 20 Punkte

Das Ergebnis fällt für Sie nicht eindeutig aus. Es wird nicht deutlich genug, ob Sie besser in abhängiger Beschäftigung oder als Selbständiger arbeiten können. Suchen Sie nach zusätzlichen Informationen und reden Sie mit möglichst vielen Menschen, zu denen Sie engen Kontakt haben, über das Thema.

Checkliste 6 (Fortsetzung)

21 bis 30 Punkte
Sie stehen emotional, aber auch von der praktischen Motivation her voll hinter der Entscheidung, sich selbständig zu machen. Offensichtlich bringen Sie auch persönlich und im Hinblick auf Ihre Umfeldbedingungen die entsprechenden Voraussetzungen für eine unternehmerische Selbständigkeit mit.

Nach der Durchführung dieses Tests ist die erste Phase einer Existenzgründung, das Erfassen der Ausgangslage, abgeschlossen. Sie konnten sich bis dahin ein Bild davon machen, welche *Gründungsidee* Sie haben und ob diese mit Ihren *persönlichen und fachlichen Voraussetzungen* im Einklang ist.

Somit können Sie nahtlos in die zweite Phase übergehen und die Planung der Unternehmensgründung mit Hilfe des *Unternehmenskonzepts* in Angriff nehmen.

3 Unternehmenskonzept

Das Kapitel „Ausgangslage" sollte Sie dazu anregen, Ihre Absicht, ein selbständiger Unternehmer zu werden, ernsthaft zu überdenken und Ihr Kapital an Wissen, Fähigkeiten, Begabungen und Erfahrungen auf den Prüfstand zu stellen. Nun müssen Sie die nächsten Schritte für Ihre Zukunft als Unternehmer vorbereiten.

Sie wissen nicht genau, ob sich Ihre Idee tatsächlich „rechnet", haben keine konkreten Vorstellungen über eine Reihe von Details, so zum tatsächlichen Finanzbedarf, zur genauen Verteilung der Kosten, zum erreichbaren wirtschaftlichen Ergebnis. Darüber hinaus sind Ihre Informationen zur Marktsituation, zur Qualität Ihres Standortes und zur Art des Einstiegs in den Markt unzureichend. Bevor Sie aber Ihre Unternehmensgründung auf den Weg bringen, brauchen Sie über diese Fragen ein Höchstmaß an Gewißheit.

Der beste Weg zu einer realistischen Entscheidungsgrundlage ist deshalb ein ausführliches *Unternehmenskonzept*, auch *Businessplan* genannt, zu erstellen.

In den nun folgenden Abschnitten wird zunächst auf die *Funktionen*, den *inhaltlichen Aufbau* und die *Form* des Unternehmenskonzepts eingegangen, um im Anschluß daran das *Erstellen* eines solchen Konzepts aufzuzeigen. Auch dieser Teil ist mit zahlreichen Checklisten ergänzt.

3.1
Funktionen des Unternehmenskonzepts

Von vielen Seiten wird auf ein Unternehmenskonzept hingewiesen: Berater, Informationsstellen, Literatur; alle betonen, daß Sie dieses benötigen. Bedauerlicherweise erfolgt dieser Hinweis aber fast immer nur im Zusammenhang mit der Beschaffung von Fremdkapital, also Bankkrediten und Fördergeldern. Der Businessplan ist aber bei weitem nicht nur ein Geldbeschaffungsinstrument.

3.1.1
Prüfen der wirtschaftlichen Tragfähigkeit Ihrer Idee

Erst wenn die Antwort auf die Frage: „Hat meine Geschäftsidee Aussicht auf wirtschaftlichen Erfolg?" positiv ausfällt, ist der Beginn des Vorhabens vernünftigerweise zu empfehlen. Auf dem Feld der Selbständigkeit führt das Handeln nach dem Prinzip „learning by doing" fast immer zur Katastrophe.

Zwingen Sie sich dazu, *mit größter Sorgfalt und Ausdauer alle Informationen zusammenzutragen* und *zu verarbeiten.* Jede auch nur im Ansatz gelöste Schwierigkeit in der Planungsphase schafft Ihnen Spielraum für später, nachdem Sie Ihr Unternehmen gestartet haben.

3.1.2
Bewußtwerden des Vorhabens

Das Übertragen der konzeptionellen Gründungsvorbereitung auf einen Berater ist nicht zu empfehlen. Sicherlich benötigen Sie in dieser Phase Rat und Hilfe von Fachleuten.

Wichtigste Regel ist jedoch, daß jede Information, jeder Zusammenhang und jede Schlußfolgerung in Ihrem Unternehmenskonzept *durch Ihren eigenen Kopf* geht und verinnerlicht wird. Wählen Sie hingegen den bequemen Weg, alles „im Paket" zu kaufen, wird Ihr eigenes Konzept Ihnen stets fremd bleiben. Denn wenn Sie Ihr Planungsdokument selbst ausarbeiten, erfahren Sie nicht nur, wo und wie bestimmte Informationen zu beschaffen sind, wie Ihr Markt aussieht, welche Kennzahlen was bedeuten, welche Kriterien für verschiedene Entscheidungen wichtig sind, sondern Sie erkennen gleichzeitig Zusammenhänge, Wechselwirkungen und Risiken.

3.1.3
Gliederung der einzelnen Schritte

Dadurch, daß Sie innerhalb Ihres Unternehmenskonzepts Ihre Schritte zeitlich planen, haben Sie zu jeder Zeit *einen Vergleich zwischen PLAN und IST.* Und diese Tatsache ist auch nicht zu unterschätzen, denn nur so können Sie erkennen, wenn an einer Stelle etwas falsch läuft und können somit rechtzeitig dagegen angehen.

3.1.4
Argumentationshilfe für Verhandlungen

Eine weitere wichtige Funktion des Unternehmenskonzepts ist, daß es als Argumentationshilfe für Verhandlungen mit Banken, Geschäftspartnern, Kunden und Lieferanten dient.

Dadurch, daß Sie Ihr Konzept bis ins Detail selbst durchdacht haben, wird Sie bei diesen Verhandlungen kaum eine Frage aus der Fassung bringen. Die Bank beispielsweise will einen fähigen künftigen Unternehmer erleben, nicht den Präsentator einer teuer eingekauften Beratungsleistung. Ohne diese Grundlage für Ihr erstes Bankgespräch sind Ihre Erfolgsaussichten, einen geeigneten Finanzierungspartner zu finden, heutzutage äußerst gering.

Sicherlich ist es eine betrübliche Erkenntnis, wenn Sie beim Erarbeiten Ihres Unternehmenskonzepts entdecken, daß Ihre Idee wirtschaftlich nicht tragfähig sein sollte. Was aber, wenn Sie diese Erkenntnis erst dann gewinnen, wenn Sie den Betrieb bereits gegründet, alles Geld verloren haben und Ihre Existenz womöglich lebenslang nachhaltig beeinträchtigt ist?

3.2
Inhaltlicher Aufbau des Unternehmenskonzepts

Zentrales Element Ihrer Gründungsplanung ist also das Unternehmenskonzept. Auf dieser Grundlage entscheiden Sie, ob Ihre Idee realisierbar ist; Sie erfahren genauer, welche finanziellen und materiellen Voraussetzungen für eine erfolgreiche Gründung unumgänglich sind. Gleichzeitig schaffen Sie sich ein präsentables Material für die Verhandlung mit der Bank und anderen Partnern.

Nicht alle Überlegungen finden darin Ihren Niederschlag, beispielsweise Ihre strategischen Ziele, die sie langfristig vor Augen haben. Auch die einzelnen Nebenrechnungen oder ausführlichen Unterlagen Ihrer Marktanalyse sollten nicht in den Businessplan eingebunden sein – Sie hätten sonst leicht eine Ausarbeitung mit über hundert Seiten. Trotzdem spiegelt Ihr Konzept alle diese Überlegungen wider, stellt die Ergebnisse schlüssig dar, ist also die Quintessenz des Planungsprozesses.

Die einzelnen Elemente des Unternehmenskonzepts finden Sie in der Checkliste „Elemente Unternehmenskonzept" (Checkliste 7).

Checkliste 7 Elemente Unternehmenskonzept

1. Vorhabensbeschreibung	❒ Vorhanden
2. Lebenslauf	❒ Vorhanden
3. Markt- und Standortanalyse	❒ Vorhanden
4. Absatzkonzeption	❒ Vorhanden
5. Marketingkonzept	❒ Vorhanden
6. Finanzplan	❒ Vorhanden
7. Anlagen	❒ Vorhanden

Die Punkte eins bis fünf beinhalten dabei die *qualitative Darstellung* Ihres Vorhabens, Punkt sechs hingegen liefert *die quantitative Betrachtung*, also das „Zahlenwerk". Im Punkt sieben untermauern Sie Ihre Aussagen mit Einzeldokumenten wie Vertragsentwürfen, technischen Beschreibungen, Kostenvoranschlägen, Bestellungen oder Bauzeichnungen.

Der Umfang des Textteils sollte zwischen 10 und 20 Seiten liegen, weniger ist manchmal mehr. Das Zahlenwerk, bei dem jeweils auf volle 50 DM-Beträge auf- bzw. abgerundet werden soll, beansprucht hingegen größeren Raum. Erfahrungsgemäß sollte das Unternehmenskonzept insgesamt jedoch 40 Seiten nicht überschreiten. Es ist auch nicht erforderlich, eine Hochglanzbroschüre anzufertigen. Wichtiger sind *klare und verständliche Aussagen.*

Hinweis: Sollten Sie persönlich eine andere Gliederung als die oben dargestellte vorziehen, achten Sie darauf, daß alle notwendigen Elemente enthalten sind.

3.3
Elemente des Unternehmenskonzepts

Sie haben nun die Elemente des Unternehmenskonzepts kennengelernt. Im folgenden wird auf die einzelnen Punkte und die jeweilige Erarbeitung näher eingegangen.

3.3.1
Vorhabensbeschreibung

Ihre Vorhabensbeschreibung sollte ein bis zwei Seiten nicht überschreiten. In ihr stellen Sie Ihre *Absichten* in Kurzform dar, definieren also Ihre *konkreten Ziele*, die sie mit der Gründung zu erreichen
suchen.

Wichtig: Werden Sie sich bewußt, daß alles, was Sie niederschrei-
ben, gleichzeitig eine Zieldarstellung ist. Unklare Formulierungen
oder fehlende Aussagen führen zu weiteren Lücken und Denkfehlern
in den folgenden Betrachtungen.

- *Wer?* *Wer gründet das Unternehmen?*
Ihr Name oder die Namen der Gesellschafter stehen am Anfang.
Inwieweit Sie Ihre Titel und Qualifikationen bereits erwähnen, hängt
von der Notwendigkeit ab, bereits am Anfang die eigene Kompetenz
darzustellen.

- *Was?* *Was wird gegründet?*
Wählen Sie die üblichen Bezeichnungen wie „Groß- und Einzelhandel für Sportartikel", „Ingenieurbüro" oder „Speisegaststätte". Stellen Sie in kurzen Worten den Geschäftsgegenstand dar, so daß auf
einen Blick erkennbar ist, worum es sich handelt.

- *Wo?* *Wo, an welchem Standort wird das Unternehmen errichtet?*
Hier genügen keine vagen Ortsangaben, wie „in Ulm" oder „im
Raum Ostwürttemberg". Bezeichnen Sie den Standort bis auf das
Grundstück, die Straße einschließlich Hausnummer und Stockwerk
genau. Machen Sie auch eine Aussage zum Gebäude oder den Räu-
men.

Tip: Sollten Sie zu diesem Zeitpunkt noch keinen konkreten
Standort ausgewählt haben, legen Sie Ihre genauen Vorstellungen
zum Wunschstandort dar.

- *Wie?* *Wie wird das Unternehmen gegründet, also in welcher
  Rechtsform?*
Die häufigsten Gründungsrechtsformen sind die Einzelunternehmen,
die Gesellschaft bürgerlichen Rechts (GbR) und die GmbH. Freiberufliche Unternehmen können sowohl als Einzelunternehmung als
auch als GbR gegründet werden. Die GmbH ist für Freiberufler we-

niger geeignet, da Sie damit Ihre Gewerbesteuerfreiheit verlieren. Natürlich sind auch andere Rechtsformen wählbar.

Tip: Sollten Sie noch keine Klarheit über die zu wählende rechtliche Gestaltung Ihres Unternehmens haben, gehen Sie zunächst von der wahrscheinlichsten Variante aus. Da die Wahl Ihrer Rechtsform neben rechtlichen auch finanzielle Konsequenzen hat, kann es hier Veränderungen geben, die sich erst aus Ihrer Finanzplanung (Element 6) ergeben.

- *Für Wen? Für wen werden Sie Ihr Unternehmen betreiben?*
Die Entscheidung, welchen Kunden Sie sich widmen werden, bestimmt alle Ihre Überlegungen nachhaltig. Unklare Aussagen an dieser Stelle führen zu ebenso unklaren Recherchen bei der Markt- und Standortanalyse (Element 3) sowie dem Marketingkonzept (Element 5). Es wird nicht ausbleiben, daß aber gerade diese Analysen zu Veränderungen in diesem Punkt Ihrer Zielvorstellungen führen können.
Definieren Sie Ihre Zielgruppe oder Zielgruppen hier zunächst so genau, wie es Ihnen nach dem Stand Ihrer Erkenntnisse möglich ist. Je intensiver Sie sich Gedanken machen, um so leichter wird Ihnen das Erarbeiten der anderen Konzeptelemente fallen.

Tip: Es reicht in keinem Fall, bei der Gründung eines Restaurants zu formulieren: „Zielgruppe sind alle, die gerne essen". Jede Indifferenz hat weitreichende, auch finanzielle Folgen, weil Sie sonst folgerichtig Aufwand für Leute betreiben, die Sie gar nicht meinen, die niemals Ihre Kunden sein werden.

- *Warum? Warum gründen Sie das Unternehmen?*
Die Antwort darauf ist wesentlich und sollte nicht nur lauten: „Weil ich eine Marktnische sehe". Argumentieren Sie vielmehr, warum Sie einen Erfolg erwarten. Das überzeugt nicht nur andere, sondern macht Sie vielleicht auf eigene Schwächen aufmerksam.

- *Wieviel? Wieviel Geld benötigen Sie, um das Unternehmen zu starten?*
Berücksichtigen Sie alle Aufwendungen, nicht nur Ihre notwendigen Investitionen. Auch Ihr Lebensunterhalt oder Vorkosten sind finanzielle Belastungen, die aus irgendeinem Topf zu bezahlen sein werden.

Hinweis: Die hier zu formulierenden Beträge werden Sie allerdings erst nach Erstellung der Finanzplanung (Element 6) konkretisieren können, denn vorher wissen Sie über die zu erwartenden Belastungen noch viel zu wenig.

- **Wann?** *Wann startet die Unternehmung?*
Fixieren Sie Ihr vorläufiges Gründungsdatum. Wann Sie wirklich beginnen, entscheidet sich wahrscheinlich erst dann endgültig, wenn sie Ihr Konzept komplett erarbeitet haben und alle Zeitabläufe gut überblicken.

All diese Fragen müssen in Ihrem ersten Element, der Vorhabensbeschreibung, enthalten sein. Manche Dinge werden sich erst im Laufe der Konzepterarbeitung beantworten lassen, daher empfiehlt es sich, die Vorhabensbeschreibung zu Anfang grob zu umreißen und sie nach der Konzepterarbeitung zu konkretisieren.

3.3.2
Lebenslauf

Dieses Element gib nähere Auskunft über die Gründerperson.

Treffen Sie hierbei vor allem Aussagen, die Ihre Ausbildung, Ihre Erfahrungen und beruflichen Leistungen, sowie die speziellen Eignungen für das Gründungsvorhaben unterstreichen. Vergessen Sie nicht Ihre kaufmännischen Kenntnisse, falls vorhanden, darzustellen. Fehlen jedoch gerade diese, treffen Sie Aussagen über die von Ihnen tatsächlich geplanten Weiterbildungsmaßnahmen.

Hilfreich können in diesem Zusammenhang auch Angaben über Familienmitglieder oder Freunde sein, die für Ihr Gründungsvorhaben relevante Kenntnisse besitzen: Vater ist selber Unternehmer, Bruder ist Banker, Freund ist Steuerberater etc. Dadurch bekommen die Leser Ihres Unternehmenskonzepts Hinweise darauf, daß Sie mit dem Thema Selbständigkeit „aufgewachsen" sind bzw. mit kompetenter Unterstützung rechnen können.

Falls Sie nicht alleine gründen, also Mitgesellschafter vorhanden sind, müssen auch über diese Personen Lebensläufe mit denselben Angaben erstellt werden.

3.3.3
Markt- und Standortanalyse

Das dritte Element Ihres Unternehmenskonzepts stellt die Markt- und Standortanalyse dar.

3.3.3.1
Erarbeiten der Markt- und Standortanalyse

Bevor Sie Aussagen über Ihren Markt und Standort treffen können, müssen Sie eine ausführliche Markt- und Standortanalyse durchführen.

Hinweis: Markt und Standort sind in der Darstellung schwer zu trennen, da sie sich wechselseitig beeinflussen. Auch sind die Anforderungen von Branche zu Branche und von Unternehmen zu Unternehmen sehr verschieden.

Die *Wahl des Standorts* zählt bei der Gründung einer Unternehmung mit zu jenen Grundsatzentscheidungen, die den *späteren Geschäftserfolg maßgeblich beeinflussen.* So stellte das Institut für Mittelstandsforschung beispielsweise fest, daß die falsche Standortwahl etwa der Hälfte aller befragten Existenzgründer Schranken im Wachstum setzt und zum vorzeitigen „Aus" für das Unternehmen führt. Deshalb darf die Standortwahl nicht dem Zufall überlassen, sondern muß sorgfältig geplant und überlegt werden.

Dabei sollte bei der Standortanalyse zwischen marktbezogenen, betriebswirtschaftlichen, infrastrukturellen und rechtlichen Faktoren unterschieden werden, die im folgenden kurz ausgeführt werden und sich in der Checkliste „Markt- und Standortanalyse" (Checkliste 9) wiederfinden.

Marktbezogene Faktoren - Marktanalyse
Zu den marktbezogenen Faktoren zählen der *Absatzmarkt,* die *Konkurrenzsituation,* der *Beschaffungsmarkt* sowie der *Arbeitsmarkt.*
Sie müssen hier Anworten auf folgende Fragen finden: Wie groß ist der Einzugsbereich des Betriebs? Welche Einkommensverhältnisse herrschen im Einzugsgebiet? Wie stark ist die zu erwartende Konkurrenz? Welche Stärken bzw. Schwächen haben die Konkurrenten? Wie weit sind die Hauptabnehmer entfernt? Wo sitzen meine potentiellen Lieferanten? Sind genügend Arbeitskräfte am Standort verfügbar?...

Betriebswirtschaftliche Faktoren – Standortkosten
Für die Prüfung der Frage, ob es sich um einen *kostengünstigen Standort* mit *hohen Ertragspotentialen* handelt, müssen betriebswirtschafltiche Faktoren analysiert werden.
Wie hoch ist der Mietpreis? Wie hoch sind die Grundstückspreise? Wie hoch ist die Gewerbesteuer am Standort? Gibt es staatliche Förderungsmöglichkeiten für den Standort?...

Infrastrukturelle Faktoren – Servicenähe
Die Infrastruktur eines Standortes ist vor allem unter dem Gesichtspunkt der *Servicenähe anderer Dienstleistungsanbieter und öffentlicher Einrichtungen* zu prüfen.
Liegt der Standort verkehrsgünstig? Befinden sich in der Nähe Haltestellen öffentlicher Verkehrsmittel? Sind die notwendigen Voraussetzungen für die Versorgung mit Elektrizität, Gas, Wasser gegeben?...

Rechtliche Faktoren – Planungsrecht
Wegen der Vielzahl der gesetzlichen Bestimmungen von Bund, Ländern und Gemeinden sollte man *die rechtlichen Rahmenbedingungen* eines Standorts äußerst sorgsam prüfen und Experten der Industrie- und Handelskammern, der Handwerkskammern, der Bauämter und des Gewerbeaufsichtsamts zu Rate ziehen.
Wie sieht der Flächennutzungs- bzw. Bebauungsplan aus? Sind Ihnen Planungen der Kommune bekannt, die Auswirkungen auf Ihren Standort haben könnten? Steht Ihr Gründungsvorhaben im Einklang mit der Baunutzungsverordnung?...

Tip: Um entsprechende Informationen zu erhalten, schreiben Sie an ortsansässige Verbände, Marktforschungsinstitute, das Statistische Bundes- oder Landesamt, Regionalzeitungen und Zeitschriften. Bitten Sie um Unterlagen über Ihren Standort, den ins Auge gefaßten Markt und über relevante Produkte, beispielsweise Testberichte. Die Anschriften solcher Quellen finden Sie im Telefonbuch und in den Gelben Seiten; ansonsten erfragen Sie die Adressen bei der zuständigen IHK oder Handwerkskammer.

Eine Markt- und Standortanalyse sollten Sie *jedoch nicht nur für einen möglichen Standort* durchführen. Um letztlich die richtige Wahl treffen zu können, müssen Sie *verschiedene Alternativen* miteinander vergleichen.

Die Checkliste „Bewertungsschema zur Standortwahl" (Checkliste 8) enthält eine Reihe von Standortfaktoren, die Sie nach Ihrer persönlichen Wichtigkeit bewerten und somit den für Sie geeignetsten Standort ermitteln können.

Checkliste 8 Bewertungsschema zur Standortwahl [Quelle: Leistungspaket für junge Unternehmen (1997). Schmidt Bank]

Standortfaktoren	Gewichtung	Standort A		Standort B	
		Bewertung	Punkte	Bewertung	Punkte
Kundennähe					
Verkehrslage					
Kundenparkplätze					
Energieversorgung					
Fachkräfte					
Konkurrenz					
Kosten					
Materialversorgung					
Erweiterungsmöglichkeiten					
Summe der Punkte					
Rangstelle					

Bearbeitung: Vergeben Sie jedem Standortfaktor eine Gewichtungszahl von 1 bis 4; dabei ist 4 besonders wichtig, 3 wichtig, 2 weniger wichtig und 1 unwichtig.

Im Anschluß daran werden die Standortfaktoren der verschiedenen Standorte mit Punkten von 5 bis 1 bewertet; dabei ist 5 sehr gut, 4 gut, 3 mittel, 2 schlecht und 1 sehr schlecht (Die Punkte geben Auskunft darüber, wie gut die einzelnen Faktoren von den verschiedenen Standorten erfüllt werden).

Diese Punktebewertung multiplizieren Sie nun mit den vorher vergebenen Gewichtungszahlen.

Durch Addition erhalten Sie die Ergebnisse für jeden Standort.

Der Standort mit der höchsten Punktzahl entspricht am besten Ihren Anforderungen.

3.3.3.2
Ergebnisse für das Unternehmenskonzept

Welche Punkte, die Sie im Zuge der Markt- und Standortanalyse erarbeiten, sollten sich im Unternehmenskonzept wiederfinden? Über welche Erkenntnisse müssen Sie im Businessplan berichten und zu jeder Zeit Frage und Antwort stehen können? Auskunft gibt Ihnen dazu die Checkliste „Markt- und Standortanalyse" (Checkliste 9). Achten Sie auch hier wieder auf *kurze und präzise Angaben.*

Checkliste 9 Markt- und Standortanalyse [Quelle: Checklisten und Infos für Existenzgründer (1997). Deutsche Bank]

Kundenkreis/Abnehmer

Orientieren Sie sich an den Kunden, mit deren Hilfe Sie die Masse Ihres Umsatzes realisieren. Gelegenheitskäufer sind zwar immer zu erwarten, dürfen aber nicht die Tendenz Ihrer Analyse verwischen. Sind Ihre Kunden Familien, also Haushalte, ist die soziale Stellung, die Familienstruktur, das Bildungsniveau, das Bedürfnisgefüge wichtig. Zielen Sie dagegen auf Unternehmen, weil Sie Industriegüter oder Ingenieurleistungen für Handwerks- oder Produktionsbetriebe verkaufen, sollten Sie Struktur, Produktions- oder Leistungsprofil, Marktanteil und Umsatzgröße kennen, vor allem aber die Personen, welche über Ihr Angebot zu entscheiden haben.

Checkliste 9 (Fortsetzung)

Marktgröße/Abnehmer

Hier ist die Anzahl der zu erwartenden Kunden ausschlaggebend. Es gilt zu prüfen, wie hoch das Potential im Absatzmarkt ist und wie hoch gleichzeitig der Anteil derer ist, die zu Ihrem Abnehmerkreis zählen könnten.

Entwicklung der Kaufkraft/Nachfrage in den letzten 5 Jahren

Die Kaufkraft richtet sich nach dem ausgabefähigen Einkommen bzw. Budget Ihrer Zielgruppe. Das sind also die Mittel, die den Haushalten, Einzelpersonen oder den Unternehmen zur Verfügung stehen, um Ihr Produkt oder Ihre Dienstleistung zu bezahlen. Informationen über die Durchschnittsausgaben für die unterschiedlichen Warengruppen finden Sie im Statistischen Jahrbuch der Bundesrepublik Deutschland.

Prognose für die nächsten 5 Jahre des relevanten Marktes

Sie sollten hier eine möglichst lange Zukunftsperiode anstreben, auch wenn die Prognosesicherheit darunter leidet.

Hauptkonkurrenten

Hier gilt es, Name, Sitz, geschätzter Umsatz und Marktanteil Ihrer unmittelbaren Konkurrenten zu Papier zu bringen, denn es ist sehr wichtig, seine Gegner zu kennen.

Stärken im Vergleich zu Hauptkonkurrenten

Finden Sie Ihre Stärken im Vergleich zu Ihren Hauptkonkurrenten heraus. Dies kann beispielsweise die Preissituation, die Lieferfähigkeit oder der Service sein.

Schwächen im Vergleich zu Hauptkonkurrenten

Ebenso wie die Stärken Ihrem Konkurrenten gegenüber zu kennen, müssen Sie Ihre Schwächen im Vergleich zu Ihren Hauptkonkurrenten erkennen. Nur so können Sie versuchen, die Schwächen in Stärken umzuwandeln.

Infrastruktur Ihres Standortes

Die Anforderungen an die Infrastruktur eines Standortes sind natürlich je nach Branche verschieden. Es gelten Dinge zu klären, wie Verkehrsanbindung, Fußläufigkeit, Park- und Stellplätze, Energieversorgung, städtebauliche Planungen, Miet- und Pachtniveau etc.
Wenn Sie beispielsweise eine Spedition gründen möchten, sollten Sie einen Standort in der Fußgängerzone auf keinen Fall in Ihre engere Wahl einbeziehen.

Checkliste 9 (Fortsetzung)

Personal

Achten Sie darauf, daß in Ihrem Einzugsgebiet von der Anzahl und der fachlichen Eignung ausreichend Personal vorhanden ist. Achten Sie ebenfalls auf das Lohn- und Gehaltsniveau. Falls Sie sich beispielsweise in der Software- und Elektronikbranche selbständig machen wollen, ist die Verfügbarkeit von kreativen EDV-Leuten wichtig. In diesem Fall ist ein Standort in der Nähe einer Hochschule oder eines größeren Elektronikunternehmens empfehlenswert.

Sach- und Personalkosten

Vergessen Sie auch die Sach- und Personalkosten nicht, wie z.B. Kosten für Miete oder Pacht und für Löhne oder Gehälter. Hierbei ist zu beachten, daß es zum Teil erhebliche Unterschiede zwischen Innenstadt, Randlage und Umland gibt.

Umweltschutzauflagen

Achten Sie auf Art, Umfang und Auswirkungen von Umweltschutzauflagen. Die Anforderungen sind je nach Gebietstyp, z.B. Gewerbegebiet, Mischgebiet, unterschiedlich.

Nachdem Sie nun die in der Checkliste 9 dargestellten Punkte in Ihrem Unternehmenskonzept kurz erläutert haben, können Sie direkt zum nächsten Element des Businessplans, der Absatzkonzeption, übergehen.

3.3.4
Absatzkonzeption

Im Rahmen Ihrer Gründungsplanung ist auch zu klären, welche Organisation Sie benötigen, um Ihre Produkte oder Dienstleistungen wirksam und kostengünstig abzusetzen. Sie müssen sich also Gedanken darüber machen, welche Form des Absatzes Sie wählen.

3.3.4.1
Erarbeiten der Absatzkonzeption

Prinzipiell stehen Ihnen zwei Vertriebswege offen: der *direkte* und der *indirekte Vertrieb*.

Für welche Form Sie sich entscheiden, hängt von verschiedenen Bedingungen ab – von der Art Ihrer Produkte und Dienstleistungen, von Ihrer Zielgruppe sowie den branchenüblichen Gepflogenheiten;

letztlich auch davon, ob schon Kunden vorhanden sind und welche finanziellen Spielräume Sie besitzen. Auch der Blick auf die Mitbewerber verschafft Ihnen in diesem Zusammenhang wichtige Informationen.

Direktvertrieb

Beim Direktvertrieb verkaufen Sie Ihre Ware unmittelbar an den Kunden. Das geschieht entweder im eigenen Unternehmen, auf dem Versandweg, über das Telefon oder das Internet. Das betrifft Handelsware oder Produkte aus Ihrer Fertigung. Auch Dienstleistungen werden hauptsächlich direkt angeboten: die Leistung des Unternehmensberaters, des Architekten, des Versicherungsfachmanns, des Finanzdienstleisters. Im Direktvertrieb realisieren Sie den vollen Endverkaufspreis, tragen aber auch die Vertriebskosten selbst.

Checkliste 10 Direkter Vertrieb – Ja/Nein? [Quelle: Kirst U (1999). Selbständig mit Erfolg]

Ist Ihr Produkt oder Ihre Dienstleistung erklärungsbedürftig?	❐ Ja	❐ Nein
Vertreiben Sie Hochpreisprodukte, deren Präsentation Sie selbst steuern wollen?	❐ Ja	❐ Nein
Benötigen Sie den direkten Kundenkontakt und den schnellen Rückfluß der Informationen?	❐ Ja	❐ Nein
Ist der Direktvertrieb in Ihrer Branche üblich?	❐ Ja	❐ Nein
Haben Sie fundierte Vertriebserfahrung oder entsprechend qualifizierte Mitarbeiter?	❐ Ja	❐ Nein
Gestattet Ihre finanzielle Situation ein direktes Vertriebsnetz?	❐ Ja	❐ Nein

Auswertung: Wenn Sie die meisten dieser Fragen mit „Ja" beantworten, sollten Sie den direkten Vertrieb wählen.

Wesentliche Voraussetzung für den Direktvertrieb sind erfahrene Vertriebsmitarbeiter, die vom ersten Tag an professionell verkaufen und ihre meist hohen Bezüge auch erwirtschaften. Neben dem Außendienst ist auch ein qualifizierter Innendienst zur reibungslosen Abwicklung der eingehenden Aufträge notwendig. Die entsprechende Ausstattung mit Büros, Ausstellungs- und Lagerräumen sowie Fahrzeugen bindet Mittel für Investitionen.

Indirekter Vertrieb
Hier wählen Sie Zwischenhändler zu Ihrer Unterstützung, beispielsweise freie Handelsvertreter oder Kommissionäre, Groß- und Einzelhändler. Den Kunden selbst bekommen Sie kaum zu Gesicht. Von Ihrem Preis gehen die Spannen für die Vertriebspartner ab. Die Kosten sind allerdings wesentlich niedriger.

Den indirekten Vertrieb sollten Sie wählen, wenn zwingende Gründe für den Direktvertrieb nicht gegeben sind und nachstehende Punkte in der Checkliste „Indirekter Vertrieb – Ja/Nein?" (Checkliste 11) zutreffen.

Checkliste 11 Indirekter Vertrieb – Ja/Nein? [Quelle: Kirst U (1999). Selbständig mit Erfolg]

Nutzen Sie bestehende Vertriebswege sowie die Kundenpotentiale eines Vertriebspartners? (Ratsam bei zusätzlichen Geschäftsstandorten im Ausland).	❐ Ja	❐ Nein
Kann Ihr Produkt oder Ihre Leistung, ohne Qualitätsverlust an Beratung, auch von Dritten qualifiziert angeboten werden?	❐ Ja	❐ Nein
Fehlen Ihnen geeignete Vertriebsmitarbeiter?	❐ Ja	❐ Nein
Ist Ihr finanzieller Spielraum zu gering, um die Aufwendungen für einen Direktvertrieb zu bewältigen?	❐ Ja	❐ Nein
Möchten Sie Ihr Angebot am Standort erst testen, bevor Sie dort investieren?	❐ Ja	❐ Nein
Haben Sie fundierte Vertriebserfahrung oder entsprechend qualifizierte Mitarbeiter?	❐ Ja	❐ Nein

Auswertung: Wenn Sie die meisten dieser Fragen mit „Ja" beantworten, sollten Sie den indirekten Vertrieb wählen.

Tip: Es hat Vorteile, gerade zu Beginn eines Unternehmens, den Kundenkreis und die Vertriebserfahrung professioneller Partner zu nutzen.

Bewegen Sie sich in verschiedenen Märkten, lassen sich die Varianten auch kombinieren: Der unmittelbare Standort wird im Direktvertrieb betreut, die weiter entfernten Kunden oder auch eine andere Zielgruppe, zu der Sie sonst kaum Zugang hätten, von Vertriebspartnern. Stets vorhandenes Risiko ist hierbei die spätere Trennung von einem solchen Partner. Die Kunden werden immer ihn als Ansprechpartner ansehen und bei einer Trennung höchstwahrscheinlich ihm die Treue halten.

3.3.4.2
Ergebnisse für das Unternehmenskonzept

Benennen Sie nun in Ihrem Unternehmenskonzept die von Ihnen gewählte Vertriebsvariante und begründen Sie auch kurz, warum Sie sich für diese Möglichkeit entschieden haben. Dieser Punkt ist mit etwa einer Seite ausreichend. Falls Sie bereits heute eine spätere Veränderung, vielleicht in Abhängigkeit von einer erwarteten Entwicklung Ihres Marktes planen, dann stellen Sie diese Absicht ebenfalls dar.

Hinweis: Gerade die Darstellung, wie Sie Ihre Ware, Ihr Produkt oder Ihre Leistung vertreiben wollen, ist auch für Dritte interessant. Viel zu oft scheitern Unternehmungen mit fundierten Ideen, weil niemand daran gedacht hat, wie das Angebot an den Kunden zu bringen ist.

3.3.5
Marketingkonzept

Von Marketing redet fast jeder, doch die wenigsten Unternehmen sind sich bewußt, was alles dazugehört. Gehen Sie von dem Leitsatz aus, daß Marketing die *Ausrichtung Ihres gesamten Unternehmens auf den Kunden* bedeutet.

3.3.5.1
Erarbeiten des Marketingkonzepts

Das Marketingkonzept soll Ihr Unternehmen „positionieren". Das bedeutet: Es soll eine unverwechselbare Identität Ihres Unternehmens im Wettbewerbsraum schaffen. Aus diesem Grund sollten Sie, Ihrer Marketingstrategie folgend, alle Marketingaktivitäten gezielt aufeinander abstimmen.

Ihre Marketingstrategie ist somit das Bindeglied zwischen Ihnen und dem Käufer. Um die Nachfrage nach Ihren Produkten oder Dienstleistungen zu beeinflussen, bedienen Sie sich dabei verschiedener Marketinginstrumente.

Im folgenden werden die für Sie wichtigsten Marketinginstrumente kurz dargestellt:

Produktpalette
Sie müssen sich klar werden, welche Produktpalette Sie anbieten. Handelt es sich um ein kurzlebiges Wirtschaftsgut (Lebensmittel, Kosmetikartikel, Roh-, Hilfs- und Betriebsstoffe, etc.), um ein langlebiges Wirtschaftsgut (Möbel, PKW, Maschinen, etc.), oder um eine Dienstleistung (Friseur, Anwalt, Berater, Wartungs- und Reparaturdienste, etc.).

Warensortiment
Wissen Sie über Ihre Produktpalette Bescheid, dann werden Sie sich Ihrem Sortiment bewußt. Unter Sortiment versteht man dabei die *Gesamtheit aller Produkte und Artikel*, die Sie im Angebot haben. Die Dimension eines Sortiments weist dabei zwei Richtungen auf, eine in die Breite und eine in die Tiefe. Die *Breite* hängt von der Anzahl der *unterschiedlichen Produktarten* ab (z.B. bei Rundfunkgeräten: tragbare Radios, Tischgeräte, HiFi-Anlagen und Autoradios). Die *Tiefe* hingegen beschreibt die *unterschiedlichen Typen* und *Modelle* eines jeden Teils des Sortiments (z.B. bei den Tischgeräten: mit Kassettendeck, mit CD-Player, Mono, Stereo...).

Qualität
Sie müssen unterschiedliche Qualitätsgesichtspunkte beachten:

▪ Technische Qualität
Unter der technischen Qualität ist zu verstehen, in welchem Maß ein Produkt seine Funktion für den Kunden erfüllt.

- Wirtschaftliche Qualität
Die wirtschaftliche Qualität wird häufig im Zusammenhang mit der
Lebensdauer eine Produktes gesehen.

- Ästhetische Qualität
Die ästhetische Qualität wird durch Merkmale wie Formgebung,
Farbe, Abmessungen, Gebrauchs- oder Bedienungskomfort sowie
Verwendungszweck bestimmt.

Preis
Zu welchem Preis wollen Sie Ihr Angebot verkaufen? Das ist eine
der kompliziertesten Fragen im Unternehmen. Mit ihr entscheiden
Sie, wie gut oder schlecht Sie Ihr Angebot verkaufen werden. Be-
denken Sie: Ein zu hoher Preis kann dazu führen, daß Sie Produkte
oder Dienstleistungen auf dem Markt nicht verkaufen können, weil
Ihre Wettbewerber sie preisgünstiger anbieten. Wenn Sie den Preis
dann senken, bringt das zwar Umsatz, deckt aber womöglich Ihre
Kosten nicht mehr.
Gehen Sie bei der Preisfindung folgendermaßen vor:

1. Die Kosten decken: *Kostenpreise*
   Ermitteln Sie zunächst, welche Kosten für ein Produkt oder eine
   Dienstleistung anfallen. Diese Kosten und ein Gewinn sollten
   durch den Preis gedeckt werden.
   Fragen Sie sich also: Was muß das Produkt/die Dienstleistung
   mindestens erwirtschaften, damit die Kosten gedeckt sind?

2. Konkurrenzfähig sein: *Marktpreise*
   Können Sie diesen Kostenpreis am Markt durchsetzen? Dazu
   müssen Sie wissen:
   - Wie ist der Preis, den die Konkurrenz für dasselbe oder ein
     vergleichbares Produkt verlangt?
   - Welcher Konkurrent hat den höchsten Preis? Was unterschei-
     det Ihr Produkt oder Ihre Leistung von ihm?
   - Welchen psychologischen Preis (=Schwellenpreis) könnten
     Sie ansetzen (z.B. 9,99 DM)?

3. Wenn der *Kostenpreis über* dem *Marktpreis* liegt
   Für viele Unternehmen liegt der betriebswirtschaftlich ermittelte
   Preis über dem Marktpreis. Es gibt drei Möglichkeiten, darauf zu
   reagieren:

- Eine Veränderung der Zielgruppe. Wer würde den Kostenpreis bezahlen?
- Eine Überprüfung der Kosten. Wo und wie können Kosten eingespart werden?
- Eine Verbesserung des Angebots. Hier können Sie sich ggf. daran orientieren, was Sie bei Ihrem Konkurrenten mit höheren Preisen erfahren haben.

Dienstleistungsspektrum

Für Produzenten, aber auch für Dienstleister, stehen immer weniger Marktnischen zur Verfügung, die ihnen erlauben, sich mit innovativen Angeboten den Umsatz zu sichern. So engagieren sie sich angesichts des härter werdenden Wettbewerbes stärker im Kundenservice. Denn viele Kunden entscheiden sich für den Anbieter, der einen Service oder Kundendienst anbietet. Verstehen Sie sich als „Problemlöser" Ihrer Kunden. Bieten Sie im Unterschied zur Konkurrenz einen Zusatznutzen an.

Verpackung

Die ursprüngliche Funktion der Verpackung, als Behälter für das Produkt zu dienen und es zu schützen, tritt immer mehr in den Hintergrund. In den vergangenen Jahren ist die Verpackung von Produkten immer wichtiger geworden – einerseits aus Marketinggründen, andererseits wegen des zunehmenden Umweltbewußtseins. Mit beiden Problemkreisen sollten Sie sich beschäftigen, um eine verbraucher- und herstellergerechte Verpackungslösung zu finden.

Hinweis: Denken Sie in diesem Zusammenhang an die gesetzliche Vorschrift, daß der Handel die Umverpackungen zurücknehmen muß.

Werbung

Leider lassen sich gerade die zündendsten Werbeideen nicht immer mit den Vorschriften vereinbaren. Alteingesessene Konkurrenten achten oft sehr genau darauf, ob sich ein neuer Wettbewerber mit seiner Werbung an die gesetzlichen Bestimmungen hält. Verstöße können dann schnell teuer werden und zu Gerichtsverfahren führen.

Achten Sie deshalb auf einige Werbegrundsätze und Werbevorschriften, die in der Checkliste „Werbegrundsätze und Werbevorschriften" (Checkliste 12) aufgeführt sind.

Checkliste 12 Werbegrundsätze und Werbevorschriften [Quelle: Existenzgründung (1997). DIHT]

Wahrheit

Die Werbung darf nichts Unwahres über die Ware aussagen, nicht mehr versprechen, als das Produkt hält.

Klarheit

Die Werbung hat einfach, deutlich, leicht verständlich und einprägsam in ihrer Aussage zu sein.

Die „guten Sitten" im Wettbewerb

Aus dieser altertümlichen Formulierung heraus haben die Gerichte eine Vielzahl von Fallgruppen entwickelt. So dürfen Sie beispielsweise nicht unaufgefordert per Telefon oder Telefax werben; auch mit E-Mail-Werbung sollten Sie vorsichtig sein. Sie dürfen auch nicht ohne weiteres etwas verschenken, um auf sich aufmerksam zu machen, selbst wenn dies mit keiner Kaufverpflichtung verbunden ist. So etwas wird schnell als „übertriebenes Anlocken" oder „psychologischer Kaufzwang" angesehen und ist verboten. Vergleiche mit Konkurrenten oder deren Produkten in der Werbung sind gesetzlich verboten.

Das Irreführungsverbot

Sie müssen sich z.B. in Kleinanzeigen als Gewerbetreibender zu erkennen geben, damit niemand irrig an ein Privatangebot glaubt. Irreführend ist es ferner, wenn Sie mit Preisreduzierungen werben, obwohl Sie die höheren Preise gar nicht ernsthaft oder nur ganz kurzfristig verlangt haben (sog. Mondpreise). Was Sie als Sonderangebot auszeichnen, müssen Sie auch sofort und ausreichend vorrätig haben, sonst ist es ein verbotenes Lockvogelangebot.

Sonderveranstaltungen im Einzelhandel

Als Einzelhändler werden Sie vielleicht versucht sein, Kundschaft dadurch zu gewinnen, daß Sie Ihr Sortiment oder Teile davon als vorübergehend besonders günstig bewerben („Große Aktionswoche: Herrenoberbekleidung bis zu 50% billiger"). Doch Vorsicht: So etwas ist eine gesetzlich verbotene Sonderveranstaltung. Ausnahmen von diesem Verbot sieht das Gesetz nur vor für den Sommer- und Winterschlußverkauf sowie für Jubiläumsverkäufe im Abstand von jeweils 25 Jahren seit Unternehmensgründung. Ansonsten sind lediglich Sonderangebote zulässig, die sich auf einzelne, genau bezeichnete Waren beziehen müssen („Levi´s Jeans 501 nur DM 89.-"). Auch Räumungsverkäufe („Wir räumen unser komplettes Lager") sind nur erlaubt, wenn Sie durch einen Schadensfall (Feuer, Wasser, etc.) oder durch Umbau dazu gezwungen werden oder wenn Sie das Geschäft endgültig aufgeben. Außerdem muß jeder Räumungsverkauf vorher bei der IHK angezeigt werden.

Checkliste 12 (Fortsetzung)

Das Rabattverbot

Im Verkehr mit Endverbrauchern müssen Sie sich strikt an Ihre eigenen Preise halten. Deshalb dürfen Sie niemandem etwas ausnahmsweise billiger überlassen, auch keinem Stammkunden und strenggenommen nicht einmal Ihren Freunden oder Verwandten. Wollen Sie eine Ware im Preis herabsetzen, müssen Sie das mit Wirkung für alle Kunden tun. Die wichtigste gesetzliche Ausnahme ist der Rabatt von höchstens 3% (Skonto), den Sie bei Barzahlung, Scheck oder Überweisung gewähren dürfen (aber nicht müssen). Je nach Handelsüblichkeit sind noch in anderen Fällen Rabatte zulässig, erfragen Sie diese Tatsache jedoch bei der IHK.

Das Zugabeverbot

Danach dürfen Sie niemandem beim Kauf der Hauptware (z.B. einer Kaffeemaschine) eine Nebenware (z.B. ein Pfund Kaffee) dazugeben und natürlich auch nicht damit werben. Gleiches gilt sinngemäß im Dienstleistungsbereich. Ausnahmsweise erlaubt sind als Zugaben geringwertige Kleinigkeiten, die – so die Faustregel – in den Augen des Empfängers deutlich weniger als 1 DM wert sind. Zulässig sind ferner Reklamegegenstände von geringem Wert (z.B. Kugelschreiber mit Firmenaufdruck), außerdem ganz generell handelsübliches Zubehör (z.B. Hülle zum Tennisschläger). Ganz wichtig: Bezeichnen Sie in der Werbung jedoch niemals eine erlaubte Zugabe als „gratis", „kostenlos" oder dergleichen. Das ist in jedem Fall verboten.

Da die Wahl der Werbemittel von Branche zu Branche sehr verschieden ist und sich noch durch individuelle Verkaufsförderungsmaßnahmen und PR-Maßnahmen (Öffentlichkeitsarbeit) ergänzen, wird in diesem Zusammenhang auf entsprechende Fachliteratur zum Thema Marketing verwiesen.

3.3.5.2
Ergebnisse für das Unternehmenskonzept

Sie sind sich über Ihre Marketingstrategie im klaren? In Ihrem Unternehmenskonzept kommt es nun darauf an, die Grundlinien Ihrer Unternehmensphilosophie darzulegen und diese Aussagen als Basis für Ihr Marketing kurz darzustellen.

Jeder, der Ihr Konzept liest, muß auf einen Blick erkennen, welche Marketinginstrumente Sie einsetzen werden, um Ihr Ziel, zufriedene Kunden und damit langfristigen Unternehmenserfolg, zu erreichen.

Führen Sie deshalb die im Vorfeld genannten Marketinginstrumente in der Checkliste „Marketingkonzept" (Checkliste 13) aus.

Checkliste 13 Marketingkonzept

Produktstrategie	
Welche Produktpalette bieten Sie an?	....
Wie haben Sie dabei das Sortiment gestaltet?	....
Welche Funktionen erfüllen Ihre Produkte?	....
Wo sehen Sie Nutzenvorteile gegenüber Ihrer Konkurrenz?	....
Zu welcher Qualität bieten Sie Ihre Produkte an?	....
Wo sehen Sie Qualitätsvorteile gegenüber Ihrer Konkurrenz?	....
Preisstrategie	
Zu welchem Preis wollen Sie Ihr Angebot verkaufen?	....
Decken Sie dabei die angefallenen Kosten?	....
Wie ist der Preis, den die Konkurrenz für ein vergleichbares Produkt verlangt?	....

Checkliste 13 (Fortsetzung)

Welche Dienstleistungen bieten Sie dabei an?	....
Wo sehen Sie Servicevorteile gegenüber der Konkurrenz?	....
Werbestrategie	
Mit welchen Werbemitteln wollen Sie am Markt auf sich aufmerksam machen?	....
Haben Sie dabei auch an die Werbegrundsätze und Werbevorschriften gedacht?	....
Welchen Werbeetat planen Sie ein?	....

Nach diesem Element, dem Marketingkonzept, ist die qualitative Darstellung Ihres Vorhabens abgeschlossen. In Ihrem Unternehmenskonzept folgt nun die quantitative Betrachtung, das Zahlenwerk.

3.3.6
Finanzplan

In Ihrem Unternehmenskonzept nimmt der Finanzplan den größten Raum ein. Erfahrungsgemäß erstreckt er sich über 15 bis 20 Seiten, denn jetzt sind Sie gezwungen, *für drei Jahre im voraus und auf den Monat genau*, jede Ausgabenposition zu planen und Ihre Erlöse für künftige Perioden hochzurechnen. Dabei empfiehlt es sich, das Zahlenwerk auf volle 50 DM-Beträge auf- bzw. abzurunden.

Achtung: Kalkulieren Sie *Umsätze und Kosten* immer *netto*, also ohne Mehrwertsteuer. Ausnahme: Liquiditätsrechnung.

Tip: Wenden Sie bei Ihren Kalkulationen das *Vorsichtsprinzip* an, d.h. planen Sie Umsätze eher pessimistisch und setzen Sie Kosten eher höher an.

Hinweis: Erliegen Sie nicht der Versuchung, sich diesen Teil des Unternehmenskonzepts von einer dritten Person anfertigen zu lassen. Jede Zahl muß durch Ihren Kopf, damit Sie von Anfang an Ihr Unternehmen im Griff haben. Denn es ist auch nicht die dritte Person, die künftige Entscheidungen in Ihrem Unternehmen zu treffen hat, sondern Sie selbst. Selbstverständlich können Sie dabei einen Dritten um Rat und Hilfe bitten.

3.3.6.1
Erarbeiten des Finanzplans

Der im folgenden zu erstellende Finanzplan besteht aus 13 Planteilen, die teilweise ineinandergreifen.

Checkliste 14 Planteile Finanzplan [Quelle: Kirst U (1999). Selbständig mit Erfolg]

1. Investitionen	❐ Vorhanden
2. Abschreibungen	❐ Vorhanden
3. Löhne und Gehälter	❐ Vorhanden
4. Umsätze	❐ Vorhanden
5. Markteinführungskosten	❐ Vorhanden
6. Gründungskosten	❐ Vorhanden
7. Fixkosten	❐ Vorhanden
8. Variable Kosten	❐ Vorhanden
9. Finanzierungsplan	❐ Vorhanden
10. Erfolgsrechnung	❐ Vorhanden
11. Privatausgabenplan	❐ Vorhanden
12. Liquiditätsrechnung	❐ Vorhanden
13. Gesamtkapitalbedarf	❐ Vorhanden

Arbeiten Sie jeden Planteil sorgfältig durch, denn sie sind nicht nur die Grundlage für Ihre ersten Bankgespräche.

Planteil 1: Investitionen

Achten Sie darauf, daß Sie Investitionen und Kosten auseinanderhalten. *Investitionen* betreffen stets *die Anschaffung von Wirtschaftsgütern*, die länger im Betriebsvermögen verbleiben und einen Anschaffungswert von über 800 DM netto haben, also Güter des Anlagevermögens.

Soll ein Betrieb errichtet oder soll ein bereits bestehender Betrieb durch Ersatzbeschaffung technisch oder wirtschaftlich verbrauchter Anlagen erhalten oder durch Rationalisierungsinvestitionen vergrößert werden, so muß diesen Maßnahmen eine genaue *Investitionsplanung* vorgehen. Wichtigstes Hilfsmittel der Investitionsplanung ist dabei die *Investitionsrechnung*, mit deren Hilfe die Vorteilhaftigkeit eines Investitionsobjekts oder mehrerer Investitionsalternativen beurteilt werden kann. Ziel der Investitionsrechnung ist dabei, die Rentabilität einer geplanten Investition zu ermitteln, d.h. festzustellen, ob die Investition die Wiedergewinnung der Anschaffungsauszahlungen und eine ausreichende Verzinsung des eingesetzten Kapitals erbringt. Auf die einzelnen Methoden der Investitionsrechnung wird im Rahmen dieses Werkes nicht eingegangen und auf entsprechende Fachliteratur verwiesen.

Checkliste 15 Investitionsarten

Grundstücke und Gebäude

Anschaffungskosten, Aufwendungen für Aus- und Umbau, Renovierung, Kostenvoranschläge, Projekterstellung.

Büroausstattung

Möbel und Ausstattung, Büromaschinen, PC und Peripheriegeräte.

Geschäftseinrichtung

Beim Händler die Ladeneinrichtung, für eine industrielle Fertigung oder den Handwerksbetrieb die Produktions- und Werkstatteinrichtung, in Gastronomie oder Hotellerie die Ausstattung der Zimmer und Gasträume. Für bestimmte Dienstleister oder Freiberufler ist dieser Punkt zuweilen bedeutungslos.

Checkliste 15 (Fortsetzung)

Lagerausstattung

Alle Anschaffungen, die zum Lager gehören, einschließlich Behälter und Regale.

Maschinen und Transportmittel

Arbeitsmaschinen sowie innerbetriebliche Transportmittel, wie Stapler und Fördereinrichtungen.

Fahrzeuge

Nutzfahrzeuge für Transporte außerhalb des Betriebes; Lkw und Pkw. Beachten Sie, daß in den einzelnen Bundesländern unterschiedliche Richtlinien zur Finanzierung von Pkws existieren. Nicht überall sind letztere mit staatlichen Fördermitteln finanzierbar.

Patente und Lizenzen

Nichtmaterielle Wirtschaftsgüter wie auch Konzessionen, die für Ihre Gründung unabdingbar und von Fremden zu erwerben sind. Berücksichtigen Sie die Zahlungsweise. Nur der einmalige Aufwand gilt als Investition. Wiederkehrende Zahlungen sind Kosten und damit nicht durch Fördermittel abdeckbar.

Bei der *Einrichtung* des ersten *Büros* sollte nicht allein der Preis im Vordergrund stehen. Auch notwendige Funktionalität und das gewünschte Ambiente sollten bei der Wahl berücksichtigt werden. Aber Vorsicht: Unbedingt prüfen, ob die seit Ende 1999 gesetzlich vorgeschriebene EU-Richtlinie umgesetzt wird (Checkliste kostenlos zu beziehen beim Deutschen Büromöbelforum, Fax 0611/37 75 59).

Versteigerungen von Konkursmasse und Geschäftsauflösungen können ideale Einkaufsquellen für preiswerte Second-Hand-Möbel und -Maschinen sein. Entsprechende Termine werden von Gerichtsvollziehern in den Anzeigenteilen der Tagespresse veröffentlicht. Eine weitere Alternative für preiswerten Einkauf bieten die großen Versteigerungshäuser. Sie präsentieren Daten über ihre nächsten Verkaufsveranstaltungen sowie die dazugehörigen Kataloge im Internet. Entsprechende Kontaktadressen entnehmen Sie bitte dem Anhang.

Wenn Sie Ihre Investitionen ermittelt haben, tragen Sie in die Checkliste „Planteil 1: Investitionen" (Checkliste 16) zunächst die Gesamtbeträge ein, und führen Sie diese dann in dem Monat nochmals auf, in dem die Mittel tatsächlich abfließen. Berücksichtigen Sie auch Teilzahlungen. Falls die Zahlungstermine noch nicht fest-

stehen, wählen Sie vorsichtshalber den für Sie ungünstigeren Zeitpunkt.
Ihre Planungsdaten erhalten Sie, indem Sie sich Angebote einholen. Für den Fall, daß diese Informationen nur in Verbindung mit hohen Ausgaben zu bekommen sind, verzichten Sie darauf und versuchen Sie den Betrag zu schätzen.

Checkliste 16 Planteil 1: Investitionen [Quelle: Kirst U (1999). Selbständig mit Erfolg]

Investitionen	*Gesamt-betrag*	*Zeitpunkt*		*Jahres-summe*
		Januar...	*Dezember*	
Grundstücke u. Gebäude				
Büroausstattung				
Geschäftseinrichtung				
Lagerausstattung				
Maschinen u. Transport-mittel				
Fahrzeuge				
Patente und Lizenzen				
Sonstiges				
Summe				

Hinweis: Die Checklisten des Finanzplans, die Sie im Regelfall für drei Jahre erstellen müssen, können im Rahmen dieses Buches aufgrund der Übersichtlichkeit nur für ein Jahr dargestellt werden.

Planteil 2: Abschreibungen

Das Abschreibungsproblem stellt sich bei Anlagegütern, die auf Grund ihrer natürlichen (Rohstoffvorkommen), technischen (Maschinen) oder rechtlichen (Patente) Beschaffenheit nicht in einer Periode im Betriebsprozeß verbraucht und folglich auch nicht in einer Periode in voller Höhe ihrer Anschaffungs- oder Herstellungskosten als Aufwand in der Gewinn- und Verlustrechnung verrechnet werden.

Abschreibungen erfassen die Wertminderung eines Wirtschaftsguts durch Verschleiß, Veralten und Substanzverlust. Verwendet wird auch der Begriff *„AfA "* – *Absetzung für Abnutzung*. Abschreibungen sind über den Nutzungszeitraum aufgeteilte Betriebsausgaben, die Ihren zu versteuernden Gewinn reduzieren.

Die Nutzungsdauer (ND) und die Abschreibungssätze für die einzelnen Wirtschaftsgüter sind von der jeweiligen Verwendung abhängig und sind in der AfA-Tabelle des Finanzamts vorgeschrieben. Verschleißt Ihr Wirtschaftsgut vorzeitig, sind Sonderregelungen zu erreichen.

Hinweis: Ihr Steuerberater gibt Ihnen Auskunft darüber, welche Sonder-AfA Sie in Anspruch nehmen können. Stimmen Sie auch die Wahl der Abschreibungsmethode – linear (gleiche Jahresbeträge) oder degressiv (fallende Jahresbeträge) – mit ihm ab.

Vorsicht: Abschreibungen beziehen sich auf den Nettobetrag Ihrer Anschaffung. Zu beachten ist auch die Abschreibungshöhe im Anschaffungsjahr: Anschaffung im Zeitraum 01.01. bis 31.06: voller Jahresbetrag der AfA absetzbar, im Zeitraum 01.07 bis 31.12: halber Jahresbetrag der AfA absetzbar.

Fallbeispiel: Sie kaufen am 02.03. eine Anlage mit einer betriebsgewöhnlichen Nutzungsdauer von 10 Jahren im Wert von 20.000 DM netto. Bei linearer Abschreibungsmethode verliert dieser Teil Ihres betrieblichen Vermögens jährlich 10%, also 2.000 DM an Wert.

Die Anschaffungkosten des *Grund und Bodens* können nicht abgeschrieben werden, weil der Grund und Boden keiner Abnutzung unterliegt.

Im Unterschied zu Ihrem Anlagevermögen schreiben Sie *geringwertige Wirtschaftsgüter* (GWG), die im Nettoanschaffungspreis unter 800 DM liegen, im Jahre des Erwerbs voll ab. Erwarten Sie im

Gründungsjahr keinen hohen Gewinn, dürfen Sie diese GWG auch über einen längeren Zeitraum abschreiben.

Checkliste 17 Planteil 2: Abschreibungen [Quelle: Kirst U (1999). Selbständig mit Erfolg]

Investitionen	*Anschaf-fungs-wert (netto)*	*ND*	*Afa-Satz*	*Zeitpunkt*		*Jahres-summe*
				Januar...	*Dezember*	
Gebäude						
Büroausstattung						
Geschäftsein-richtung						
Lagerausstat-tung						
Maschinen u. Transportmittel						
Fahrzeuge						
Patente und Lizenzen						
GWG						
Sonstiges						
Summe						

Tip: Ausführliche Informationen zum Thema Abschreibungen erhalten Sie in der Broschüre „Das Finanzamt und die Unternehmensgründer" vom Finanzministerium Baden-Württemberg.

Planteil 3: Löhne und Gehälter

Der Aufwand für Löhne und Gehälter geht in Ihre *Fixkosten* (Planteil 7) ein und führt damit – unabhängig von Ihrem Umsatz – zu einem regelmäßig wiederkehrenden Mittelabfluß.

Ob Ihre eigenen Bezüge in diesem Planteil zu berücksichtigen sind, hängt von der Rechtsform ab, in der Sie gründen. Ist es eine GmbH, also eine Kapitalgesellschaft, stehen Sie als Geschäftsführer auch auf der Gehaltsliste. Im Prinzip darf sich der GmbH-Chef nur soviel genehmigen, wie er an einen Geschäftsführer zahlen würde.

Die Kölner BBE-Unternehmensberatung und das Magazin impulse ermittelten in diesem Zusammenhang mit Hilfe einer Umfrage (01/99) folgende durchschnittlichen Jahresbezüge:

Industrie:	DM 257.000,-
Handwerk:	DM 163.000,-
Einzelhandel:	DM 153.000,-
Großhandel:	DM 201.400,-
Dienstleistung:	DM 185.500,-

Diese Durchschnittswerte können Ihnen als Anhaltspunkt dienen. Entsprechende Angaben erhalten Sie auch von den Finanzämtern, die ebenfalls mit Richtwerten rechnen.

Gründen Sie dagegen in einer anderen Rechtsform – als Einzelunternehmer, Freiberufler oder als GbR – gelten die Mittel, die Sie für sich selbst verwenden, steuerlich nur als Entnahme. Das heißt: Sie entnehmen Ihr Gehalt aus dem Reingewinn (Planteil 10).

Führen Sie alle Lohn- und Gehaltsempfänger mit Ihren Bruttobezügen auf. Sehen Sie als Zuschlag auf die Bruttobezüge mindestens 50% für Personalzusatzkosten vor. Gesetzliche Personalzusatzkosten sind z.B. Sozialversicherungsbeiträge der Arbeitgeber, Lohn- und Kirchensteuer, bezahlte Feiertage und sonstige Ausfallzeiten, Entgeltfortzahlung im Krankheitsfall. Betriebliche und tarifliche Personalzusatzkosten sind z.B. Urlaubsgeld, Sonderzahlungen, Gratifikationen, Vermögensbildung, Qualifizierungsmaßnahmen.

Berücksichtigen Sie den genauen Zahlungsausgang, beispielsweise das dreizehnte Monatsgehalt. Planen Sie es in dem Monat, in dem Sie es tatsächlich auszahlen.

Für den Fall, daß Sie neben Festangestellten auch Aushilfen beschäftigen, müssen Sie folgendes beachten: Seit dem 01. April 1999 gelten – nach langen politischen Auseinandersetzungen – neue Regeln für geringfügige Beschäftigungsverhältnisse (630-Mark-Jobs), bei denen der Beschäftigte weniger als 15 Stunden in der Woche arbeitet und maximal 630 Mark monatlich verdient.

Besteuerung: Geringfügige Beschäftigungen sind steuerfrei. Voraussetzung: der Mitarbeiter hat keine anderen Einkünfte.

Sozialversicherung: Der Arbeitgeber muß Pauschalbeiträge an die Sozialversicherungsträger abführen: 20% an die Krankenversicherung und 12% an die Rentenversicherung.

Aufklärungspflicht: Der Chef muß die Beschäftigten darüber aufklären, daß sie ihre Zahlungen zur Rentenkasse aufstocken können, indem sie einen zusätzlichen Beitrag von 7,5% (mindestens 58,50 Mark) monatlich entrichten. Erst dann haben sie Anspruch auf alle Leistungen der Rentenversicherung.

Meldepflicht: Der Arbeitgeber muß alle geringfügigen Beschäftigungsverhältnisse bei der Sozialversicherung melden.

Achtung: Die Neuregelung gilt nicht für sogenannte Saisonbeschäftigungen. Das sind Arbeitsverhältnisse, die nicht länger als zwei Monate hintereinander oder übers Jahr verteilt 50 Tage dauern. Hier bleibt alles beim alten, also Sozialversicherungsfreiheit und Pauschalbesteuerung von 20%.

Wichtig: Informieren Sie sich auf jeden Fall über die Möglichkeiten, die Ihnen zur Verfügung stehen.

Checkliste 18 Planteil 3: Löhne und Gehälter [Quelle: Kirst U (1999). Selbständig mit Erfolg]

Funktion	*Zeitpunkt*		*Jahressumme*
	Januar...	*Dezember*	
Geschäftsführer (nur bei Kapitalgesellschaften)			
Mitarbeiter 1			
Mitarbeiter 2			
Mitarbeiter 3			
Summe			

Planteil 4: Umsätze

Eine Unternehmung ist nur dann dauerhaft lebensfähig, wenn sie ausreichende Umsätze erzielen kann. Ihre Umsatzerlöse errechnen Sie wie folgt:

Umsatzerlöse = Anzahl verkaufte Produkte x Verkaufspreis

Streng genommen ermitteln Sie Ihre Umsatzerlöse, indem Sie folgende Positionen beachten: Erlöse aus dem Verkauf und der Vermietung und Verpachtung von Fertigfabrikaten und Waren, ferner Vergütungen für Dienstleistungen, aus Werksverträgern, Erlöse aus Nebenprodukten und Abfällen, aus Verkäufen an Belegschaftsmitglieder u.a. Diese Positionen müssen Sie dann um Preisnachlässe, Skonti, zurückgewährte Entgelte (Erlösschmälerungen) und Umsatzsteuer vermindern.

Voraussetzung für eine möglichst exakte Umsatzplanung stellt Ihre *Markt- und Standortanalyse* (Element 3) dar.

Die mit einer Neugründung naturgemäß verbundene Ungewißheit hinsichtlich der Umsatzerwartung macht eine sorgfältige Umsatzplanung notwendig. Passen Sie deshalb vor allem diesen Teil nach dem Start Ihres Unternehmens laufend den wirklichen Umsätzen an.

Checkliste 19 Planteil 4: Umsätze [Quelle: Kirst U (1999). Selbständig mit Erfolg]

Umsätze	*Zeitpunkt*		*Jahres-summe*
	Januar...	*Dezember*	
Produkt I bis III			
Warengruppe 1 bis 3			
Dienstleistung A bis C			
Sonstige Umsätze			
Summe			

Planteil 5: Markteinführungskosten

Diese Aufwendungen entstehen speziell beim Start Ihres Vorhabens, deshalb ist dieser Plan *nur für das Gründungsjahr* zu erstellen. Erfassen Sie in diesem Plan alles, was zum Einstieg in den Markt benötigt wird. Dazu gehören u.a. Visitenkarten, Briefbögen, Firmenlogo und Internet-Seite. Dabei gilt auch hier: Bedienen Sie sich ruhig professioneller Hilfe, denn nichts ist schlimmer für den Markteintritt, als mit unprofessionellen Unterlagen zu erscheinen.

Checkliste 20 Planteil 5: Markteinführungskosten [Quelle: Kirst U (1999). Selbständig mit Erfolg]

Aufwand	*Zeitpunkt*		*Jahres-summe*
	Januar...	*Dezember*	
Entwurf und Reinzeichnung für Logo			
Visitenkarten, Briefpapier			
Internet-Seite			
Prospekte und Informationsmaterialien			
Angebotskataloge, Preislisten			
Anzeigen			
Eröffnungsveranstaltung			
Messekosten			
Sonstiges			
Summe			

Planteil 6: Gründungskosten

Ihre eigentliche Gründung kostet auch Geld. Dieser Plan ist ebenfalls *nur für das Gründungsjahr* und nicht für 3 Jahre zu erstellen. Existenzgründer lassen sich im Normalfall von vielen Seiten beraten. Manche *Beratungen* sind kostenlos, andere nicht.

Falls Sie einen Unternehmensberater hinzuziehen, gehören diese Aufwendungen in den Plan. Auch auf juristischen Rat durch den Rechtsanwalt oder steuerliche Hinweise durch den Steuerberater zu verzichten, kann Sie wesentlich teurer kommen als das jeweilige Honorar. Um böse Überraschungen zu vermeiden, sollten Sie im Vorfeld jedoch die Höhe des jeweiligen Beratungshonorars erfragen.

Der Betrag für die *Gewerbeanmeldung* ist eher geringfügig. Achten Sie darauf, daß Sie bei einer freiberuflichen Tätigkeit kein Gewerbe anmelden; Sie teilen dem Finanzamt nur mit, daß Sie eine freiberufliche Tätigkeit begonnen haben.

Einige Aufwendungen sind abhängig von der Wahl Ihrer Rechtsform. Errichten Sie ein Kapitalgesellschaft, wird ein Prozent des Stamm- oder Grundkapitals als *Kapitalverkehrssteuer* fällig. Wird Ihr Unternehmen in das *Handelsregister eingetragen*, erhebt das Amtsgericht eine Gebühr. Bei der Gründung solcher Unternehmen benötigen Sie zusätzlich einen *Notar*, der die Verträge beurkundet und die Eintragung veranlaßt.

Ebenfalls in diesen Plan gehören *Aus- und Fortbildungskosten*, die in direktem Zusammenhang mit Ihrer Gründung stehen, sowie entsprechende *Fachliteratur*.

Erfassen Sie darüber hinaus alles, was in Vorbereitung Ihrer Gründung, bis zur Eröffnung des Geschäfts an Kosten entsteht. Das können beispielsweise Reisekosten, Telefon- und Parkgebühren oder Provisionen für Informationen im Rahmen Ihrer Markt- und Standortanalyse sein.

Achtung: Obwohl Sie die Markteinführungs- und Gründungskosten nur für das erste Jahr erfassen, gibt es Positionen, die Ihnen weiterhin anfallen (z.B. Briefpapier, Preislisten, Anzeigen, Berater, Reisekosten, Fachliteratur). Berücksichtigen Sie diese später als Fixkosten bzw. variable Kosten.

Checkliste 21 Planteil 6: Gründungskosten [Quelle: Kirst U (1999). Selbständig mit Erfolg und Erfolgskurs (1999). DtA]

Aufwand	Zeitpunkt		Jahres-summe
	Januar...	Dezember	
Unternehmensberater			
Rechtsanwalt			
Steuerberater			
Gewerbeanmeldung			
Genehmigungen			
Kapitalverkehrssteuer			
Eintragung ins Handelsregister			
Notar			
Aus- und Fortbildungskosten			
Fachliteratur			
Sonstiges			
Summe			

Hinweis: Für den Fall, daß Sie nicht gründen, können Sie Gründungsaufwendungen bis zu drei Jahre rückwirkend in Ihrer Steuererklärung geltend machen. Bewahren Sie deshalb alle Belege sorgfältig auf.

Planteil 7: Fixkosten

Fixkosten sind Aufwendungen, die *unabhängig von Ihrem Umsatz* entstehen. Sie fallen also auch dann an, wenn Ihr Betrieb stillsteht. Bei einzelnen Aufwendungen, die gewissen Schwankungen unterliegen, fällt die Zuordnung manchmal schwer. Sind es größere Beträge, wie umsatzabhängige Lohnbestandteile, zählen sie zu den variablen Kosten (Planteil 8). Bei kleineren Positionen, wie Telefon oder Benzin, können Sie eine Pauschale ermitteln und diese sicherheitshalber als fixe Bestandteile planen.

Die Position *Versicherungen* darf bei Nicht-Kapitalgesellschaften nur betriebliche Versicherungen enthalten. Ihre Privatversicherungen, wie Kranken- und Lebensversicherung sind als Entnahme aus dem Reingewinn zu bestreiten. Als GmbH-Geschäftsführer sind solche Ausgaben u.U. Betriebskosten der GmbH, wenn Sie Ihnen in Ihrem Geschäftsführervertrag zugebilligt wurden.

Existenzgründer sind bei der Auswahl der richtigen Versicherung oft überfordert. Überlegen Sie genau, welche Risiken Sie selbst tragen können und gegen was Sie sich auf jeden Fall versichern sollten. Grundsätzlich gilt: Versichern Sie so wenig wie möglich, aber so viel wie nötig.

Eine Übersicht über die wichtigsten Versicherungen für Selbständige gibt die Checkliste „Betriebliche und persönliche Versicherungen" (Checkliste 22). Hier können Sie entscheiden, welche Versicherung Sie für Ihre Unternehmung auf jeden Fall abschließen sollten und welche Versicherung nicht unbedingt nötig ist.

Checkliste 22 Betriebliche und persönliche Versicherungen [Quelle: GründerZeiten Nr. 24 (1999). BMWi]

Betriebliche Versicherungen		
Betriebs-Haftpflichtversicherung Schäden gegenüber Dritten werden durch die Betriebshaftpflichtversicherung abgedeckt. Für Ingenieure, Architekten und Makler gibt es spezielle Berufs- bzw. Vermögensschaden-Haftpflichtversicherungen.	❑ Sollte sein	❑ Kann sein

Checkliste 22 (Fortsetzung)

Produkt-Haftpflichtversicherung Mit der Betriebshaftpflicht sollte eine Produkthaftpflichtversicherung kombiniert werden. Sie tritt in Kraft, wenn Dritte durch fehlerhafte Produkte Schaden erleiden. Sinnvoll ist dies für Hersteller, Lieferanten, Lizenznehmer, Importeure.	❐ Sollte sein	❐ Kann sein
Betriebs-Unterbrechungsversicherung (BU-Versicherung) Feuer, Maschinen-, EDV- und Telefonausfall, Montage- und Transportschäden sowie Personalausfall können den gesamten Betrieb lahmlegen. Solange keine Erträge erwirtschaftet werden können, kommt die BU-Versicherung bis zum Wiederaufbau des Betriebs für die laufenden Kosten wie Löhne, Gehälter, Miete und Zinsen etc. auf.	❐ Sollte sein	❐ Kann sein
Einbruchdiebstahl-Versicherung Hier werden Schäden erstattet, die durch Diebstahl, Zerstörung, Beschädigung, Raub oder Vandalismus nach einem Einbruch entstanden sind.	❐ Sollte sein	❐ Kann sein
Elektronik-Versicherung Durch unsachgemäßen Gebrauch, Vorsatz Dritter, Kurzschluß, Überspannung, Feuchtigkeit, Sabotage etc. können Schäden an EDV-Anlagen, Telefonanlagen oder bürotechnischen Anlagen entstehen.	❐ Sollte sein	❐ Kann sein
Feuerversicherung Schäden, die durch Brand, Blitzschlag, Explosion oder Flugzeugabsturz entstanden sind, werden durch dir Feuerversicherung reguliert. Dies betrifft Schäden an der technischen und kaufmännischen Einrichtung, an Waren, an fremden Eigentum etc.	❐ Sollte sein	❐ Kann sein
Kfz-Haftpflichtversicherung Sie kommt für alle Schäden an Personen, Sachen und Vermögen auf, die der Fahrer gegenüber Dritten verursacht hat. Schäden am eigenen Fahrzeug sind über die Teil- und Vollkaskoversicherung gedeckt, auch dann, wenn der Versicherte den Unfall selbst verschuldet hat.	❐ Sollte sein	❐ Kann sein
Umwelthaftpflicht-Versicherung Mit der Betriebshaftpflicht kombiniert ist in der Regel die Umwelthaftpflicht-Versicherung. Die Umwelthaftpflicht schützt vor Schadensersatzansprüchen, wenn durch den Betrieb Boden, Wasser, Luft verunreinigt wurden.	❐ Sollte sein	❐ Kann sein

Checkliste 22 (Fortsetzung)

Persönliche Versicherungen		
Krankenversicherung Wer vor seiner selbständigen Tätigkeit angestellt und pflichtversichert war, kann sich und seine Familienmitglieder freiwillig bei seiner bisherigen oder einer anderen gesetzlichen KV weiterversichern. Wer seine gesetzliche KV jedoch verläßt, kann dort als Selbständiger nicht wieder Mitglied werden. Selbständige können sich auch ausschließlich privat krankenversichern. Sinnvoll kann auch eine Kombination aus einer gesetzlichen und privaten KV sein.	❐ Sollte sein	❐ Kann sein
Unfallversicherung Alle Berufsunfälle, Berufskrankheiten und Wegeunfälle sind mit dieser Versicherung abgedeckt. Darüber hinaus gibt es private betriebliche Gruppen-Unfallversicherungsverträge, die Mitarbeiter und Familienangehörige im Berufs- und Freizeitbereich absichern.	❐ Sollte sein	❐ Kann sein
Berufsunfähigkeitsversicherung Wer als Selbständiger seinen Beruf nicht mehr ausüben kann, gefährdet nicht nur sein Unternehmen, sondern vor allem auch seine persönliche Existenz und die seiner Familie. Berufsunfähigkeitsversicherung zahlt – je nach vertraglicher Vereinbarung – in der Regel bei einem Berufsunfähigkeitsgrad von 50%.	❐ Sollte sein	❐ Kann sein
Absicherung bei Pflegebedürftigkeit Selbständige, die bei einer gesetzliche KV freiwillig versichert sind, sind hier auch pflegeversichert. Sie können aber auch eine private Pflegeversicherung wählen.	❐ Sollte sein	❐ Kann sein
Rentenversicherung Als Selbständiger kann man sich bei der gesetzlichen Rentenversicherung freiwillig versichern. Auf jeden Fall sollten Selbständige auch eine private Vorsorge für Alter und Familie treffen (Kapitallebensversicherung).	❐ Sollte sein	❐ Kann sein

Die Position *Zinsen* in Ihrem Fixkostenplan sind in dem Monat aufzuführen, in welchem sie tatsächlich anfallen. Informieren Sie sich rechtzeitig über Höhe und Zeitpunkt der Fälligkeit von Zinsen für staatliche Förderhilfen. *Tilgungen* gehören *nicht* in diesen Plan. Sie sind aus Ihrem Reingewinn zu bestreiten.

Beiträge sind Kosten, die Ihnen aus der Mitgliedschaft bei Kammern und Verbänden sowie anderer Berufsorganisationen entstehen. Mit der Position *Sonstiges* bauen Sie sich einen Puffer für unvorhergesehene Entwicklungen ein. 3-5% der Gesamtkosten reichen dafür aus.

Checkliste 23 Planteil 7: Fixkosten [Quelle: Kirst U (1999). Selbständig mit Erfolg]

Aufwand	Zeitpunkt		Jahres-summe
	Januar...	Dezember	
Summe Löhne/Gehälter (Planteil 3)			
Miete/Pacht			
Raumnebenkosten (Heizung, Reinigung,...)			
Energie			
Kraftfahrzeuge, Leasingraten			
Telefon, Fax, Internet			
Versicherungen			
Beiträge			
Werbung			
Fremdkapitalzinsen			
Sonstiges			
Summe			

Planteil 8: Variable Kosten

Bestimmte Aufwendungen haben Sie nur dann, wenn Sie wirklich produzieren, verkaufen oder eine Dienstleistung erbringen. Sie sind *abhängig vom Umsatz*, also variabel.
Ausgangspunkt für die Planung dieser Aufwendungen ist somit Ihr Umsatzplan. Je zutreffender dessen Zahlen sind, um so genauer wird die Planung Ihrer variablen Kosten.
Die Positionen *Rohstoffe, Verbrauchsstoffe, Halbfabrikate* und *Handelsware* werden meist unter dem Begriff „Wareneinsatz" zusammengefaßt.
Fremdleistungen bezeichnen Kosten für Sach- oder Dienstleistungen, die Sie zukaufen. Sie sind deshalb, wie auch die übrigen Positionen, variabel steuerbar, da Sie dafür keine eigenen Kapazitäten aufbauen müssen.
Provisionen betreffen eigene Mitarbeiter, Makler oder Tipgeber. Auch leistungsabhängige Lohn- oder Gehaltsbestandteile gehören in diesen Plan. Ebenso die Kosten für Saisonkräfte in der Gastronomie, dem Wein- oder Gartenbau und der Landwirtschaft. Auch *Honorare* für Hilfskräfte in Ingenieurbüros sind hier zu planen. Orientieren Sie sich bei der Höhe der *Garantieleistungen* an den für Ihre Branche üblichen Prozenten vom Umsatz.

Checkliste 24 Planteil 8: Variable Kosten [Quelle: Kirst U (1999). Selbständig mit Erfolg]

Aufwand	Zeitpunkt		Jahres-summe
	Januar...	*Dezember*	
Rohstoffe			
Verbrauchsstoffe			
Halbfabrikate			
Handelsware			

Checkliste 24 (Fortsetzung)

Fremdleistungen			
Fracht und Versand			
Provisionen			
Saisonkräfte			
Honorare			
Garantieleistungen			
Sonstiges			
Summe			

Planteil 9: Finanzierungsplan

Ihren Kapitalbedarf für die Investitionen (Planteil 1) und Ihre An-laufkosten, mit Ausnahme Ihrer Privatausgaben (Planteil 11), kennen Sie nun. In diesem Planteil fassen Sie nun alle *Finanzierungsquellen* nach Ihrer Herkunft zusammen. Dazu zählt Ihr *Eigenkapital* ein-schließlich der Einlagen anderer Gesellschafter sowie das *Fremdka-pital.*

Sie wissen allerdings bis jetzt noch nicht, welche dieser Quellen Sie in welchem Umfang und zu welchen Konditionen ausschöpfen dürfen. Die notwendigen Verhandlungen sind aber erst dann zu emp-fehlen, wenn Ihre gesamte Planung im Entwurf vorliegt. Behelfen Sie sich deshalb zunächst mit Ihren Vorstellungen und Kenntnissen, die Sie sich durch Ihre Recherchen über Bankkonditionen und För-dermittel angeeignet haben.

Hinweis: Dieser Planteil wird damit zu Ihrem *Finanzierungsvor-schlag,* der den bevorstehenden Bankverhandlungen zugrunde liegt. Je mehr *Eigenkapital* Sie haben, desto besser. Prüfen Sie deshalb anhand der Checkliste „Eigenkapital" (Checkliste 25) Ihre Eigenmittel.

Checkliste 25 Eigenkapital

Wie hoch sind meine Ersparnisse?	....
Kann ich bis zur geplanten Existenzgründung noch weitere Beträge ansparen?	....
Welche Kapitalanlagen sind kurzfristig verfügbar?	....
Können mir Verwandte Geld zu günstigen Konditionen zur Verfügung stellen?	....
Welche Sachmittel (Maschinen, Werkzeuge, Fahrzeuge usw.) kann ich in den Betrieb einbringen?	....
Möchte ich einen Partner aufnehmen, der weitere Eigenmittel zur Verfügung stellen kann?	....

Wichtig: Das Minimum an Eigenkapital bei einer Finanzierung sind in der Regel 15%.

Neben eigenen Mitteln, steht zur Finanzierung Ihrer Existenzgründung auch *Beteiligungskapital* zur Verfügung. Unter Beteiligungskapital versteht man, wenn Sie sich anstelle eines Partners eine öffentlich geförderte oder private Beteiligungsgesellschaft suchen. Die *öffentlichen Beteiligungsgesellschaften* der Bundesländer sind eigens geschaffen worden, um jungen Betrieben Mittel zur Verfügung zu stellen, die diese aus eigenen Ersparnissen oder Teilhabereinlagen allein nicht aufbringen können. Beteiligungen sind hier schon ab 100.000 DM möglich. Wenn das Gründungskonzept zwar riskant ist, aber auch überdurchschnittliche Chancen birgt, so kommen *auch private Kapitalbeteiligungsgesellschaften* oder *Venture-Capital-Gesellschaften* in Betracht. Dabei investieren die Venture-Capital-Gesellschaften Kapital (i.d.R. ab 1 Million Mark) gegen eine Direktbeteiligung als Mitgesellschafter am Unternehmen. Im Gegensatz zu Bankkrediten sind für das eingesetzte Kapital weder Zinsen noch Tilgung oder Sicherheiten zu leisten. Nach etwa fünf bis zehn Jahren verkaufen die Investoren ihre Anteile an ein anderes Unternehmen, an die Gründer bzw. Gesellschafter der Firma oder in Form von Aktien beim Börsengang.

Die betriebsnotwendigen und werthaltigen *Sacheinlagen* tauchen im Finanzierungsplan nur auf, wenn Sie eine Kapitalgesellschaft gründen und diese Sachwerte als Ersatz für Bargeld einsetzen. Ansonsten ist dieser Punkt für Sie zu vernachlässigen.

Die *langfristigen Kredite*, auch Investitionskredite genannt, dienen zur Finanzierung des Anlagevermögens (Grundstück, Gebäude, Maschinen etc.). Die Laufzeit des Kredits ist abhängig von Ihrer Kreditsumme, Ihrer Zahlungsfähigkeit, den Zinsen etc.

Ihren *Kontokorrentkredit* bemessen Sie nach dem Spielraum, den Sie brauchen, wenn Sie drei Monate keinen Umsatz machen. Der Kontokorrentkredit dient somit als kurzfristiges Finanzierungsmittel für Ihr Geschäftskonto, über das alle laufenden Zahlungen abgewickelt werden.

Ihre *Lieferantenkredite*, also die eingeräumten Zahlungsziele, sollten hier nur erscheinen, wenn Sie tatsächlich regelmäßig größere Beträge davon nutzen. Ziel ist, daß Sie lieber skontieren, also gleich zahlen und Skonto abziehen. Das ist wesentlich günstiger als ein Lieferantenkredit, der teilweise 36% Zinsen p.a. kosten kann. Wählen Sie ihn in Ihrer Planung nur dann, wenn sich keine andere Variante zur kurzfristigen Geldbeschaffung finden läßt.

Jedes Kreditinstitut gibt nur dann einen Kredit, wenn es sicher ist, das geliehene Geld auch zurückzubekommen. Diese Gewißheit wird vermittelt durch

- die Person des Gründers, seine Qualifikation und Einsatzbereitschaft,
- ein überzeugendes Unternehmenskonzept,
- eine erfolgsversprechende Rentabilitätsvorschau (Planteil 10),
- Sicherheiten.

Was von Banken und Sparkassen allgemein als Sicherheiten akzeptiert und gewünscht wird, behandelt die Checkliste „Bewertbare Sicherheiten" (Checkliste 26).

Checkliste 26 Bewertbare Sicherheiten

Grundschuld und Hypothek

Die höchste Sicherheitsgarantie für Banken stellen die Grundschulden und Hypotheken dar. Das liegt daran, daß ein Grundstück kaum an Wert verliert, eine Veräußerung also stets einen Mindesterlös erwarten läßt. Der Unterschied zwischen Hypothek und Grundschuld besteht darin, daß die Hypothek für die Finanzierung eines Grundstückes eingetragen und nach restloser Tilgung gelöscht wird.

Bürgschaften und Garantien

Bei Bürgschaften und Garantien verpflichten Sie oder ein Dritter sich, im Zweifel gegenüber der Bank für die Verzinsung und Rückzahlung der Kreditsumme aufzukommen. Bei Ausfallbürgschaften sichert eine Bürgschaftsbank bzw. eine Kreditgarantiegemeinschaft den Kredit gegenüber der Bank weitgehend ab.

Sicherungsübereignung

Die sicherungsübereigneten Gegenstände (Maschinen, Geräte, Einrichtungen etc.) bleiben in Ihrem Besitz, Eigentümer wird das Kreditinstitut. Bewertet wird zu dem Preis, den die Bank im Falle der Veräußerung voraussichtlich erzielen wird.

Lebensversicherungen

Entsprechend der Summe der bisherigen Einzahlungen abzüglich Verwaltungsaufwand, Provisionen etc.

Bausparverträge

Angespartes Guthaben plus Zinsen.

Festgelder, Sparguthaben, Sparbriefe

In voller Höhe.

Festverzinsliche Wertpapiere

I.d.R. 75% des Kurswertes.

Aktien

Bei inländischen Standardwerten i.d.R. 50% des Kurswertes, bei inländischen Wertpapieren gelten besondere individuelle Regelungen.

Denken Sie bei Ihrer Existenzgründung auch an *Fördermittel*. Neu zu gründende und bestehende Unternehmen können generell davon ausgehen, daß eine breite Palette von Förderungen für die gewerbliche Wirtschaft und die Ausübung freier Berufe angeboten wird. Wichtige Förderprogramme – speziell für Existenzgründer – und deren Besonderheiten (z.B. Antragstellung) lesen Sie bitte im Kapitel „Förderprogramme" dieses Buches ausführlich nach.

Checkliste 27 Planteil 9: Finanzierungsplan [Quelle: Kirst U (1999). Selbständig mit Erfolg]

Herkunft	Betrag	Zeitpunkt		Jahres-summe
		Januar...	Dezember	
Eigenmittel				
Beteiligungskapital				
Sacheinlagen				
Summe Eigenmittel				
Langfristige Kredite				
Kontokorrentkredit				
Lieferantenkredit				
Fördermittel				
Summe Fremdmittel				
Gesamtsumme (Eigen- + Fremdmittel)				

Planteil 10: Erfolgsrechnung

Jetzt haben Sie endlich den Teil Ihrer Planung erreicht, wo sich abzeichnet, inwieweit Ihr Vorhaben wirklich *wirtschaftlichen Erfolg* verspricht. Ihre Erfolgsrechnung, auch Rentabilitätsvorschau genannt, sagt Ihnen, ob Sie *Gewinn oder Verlust* erwirtschaften.

Tragen Sie die Werte aus Ihren Einzelplänen in die Checkliste „Planteil 10: Erfolgsrechnung" (Checkliste 28) ein und berechnen Sie das Ergebnis.

Eine wichtige Größe stellt dabei der *Deckungsbeitrag* dar (Differenz zwischen den erzielten Umsätzen und den variablen Kosten). Näheres über die Bedeutung dieser Richtgröße lesen Sie bitte im Kapitel „Existenzsicherung" in diesem Buch.

Hinweis: Für die Gründer eines Handelsbetriebs gilt: Zieht man von den Umsatzerlösen den Wareneinsatz ab, so erhält man den *Rohertrag*. Der Rohertrag in Prozent vom Umsatz stellt die Handelsspanne dar. Vergleichen Sie Ihr Ergebnis mit den branchenüblichen Zahlen, beispielsweise aus den Veröffentlichungen des Instituts für Handelsforschung in Köln.

Die Position *Steuern* ergänzen Sie bitte mit Unterstützung Ihres Steuerberaters. Je nach gewählter Rechtsform unterliegen Sie der Einkommensteuer, der Gewerbe- und Körperschaftsteuer sowie weiteren Belastungen. Sind Sie Freiberufler, entfällt für Sie die Zahlung der Gewerbesteuer.

Einkommensteuer: Diese Steuer muß der Unternehmer als Person bezahlen. Sie reichtet sich nach dem persönlichen Gewinn, den der Firmenchef –nach Abzug sämtlicher Betriebsausgaben – mit seinem Betrieb erwirtschaftet hat.

Gewerbesteuer: Gewerbetreibende müssen – neben Einkommensteuer – Gewerbesteuer an ihre Gemeinde zahlen. Die Höhe orientiert sich am Ertrag des Gewerbebetriebs. Dieser Wert wird anschließend mit dem „Hebesatz" multipliziert, der von Ort zu Ort unterschiedlich ist. Achtung: Wer dem Finanzamt einen Gewerbeertrag von maximal 48.000 Mark pro Jahr meldet, braucht keine Gewerbesteuer abzuführen.

Körperschaftsteuer: Juristische Personen, etwa GmbH oder Aktiengesellschaft, müssen – statt Einkommensteuer – Körperschaftsteuer bezahlen.

Checkliste 28 Planteil 10: Erfolgsrechnung [Quelle: Kirst U (1999). Selbständig mit Erfolg]

Aufwand	Zeitpunkt		Jahres-summe
	Januar...	Dezember	
Umsätze (Planteil 4)			
./. Variable Kosten (Planteil 8)			
= Deckungsbeitrag			
./. Fixkosten (Planteil 7)			
./. Gründungskosten (Planteil 6)			
./. Markteinführungskosten (Planteil 5)			
./. Abschreibungen (Planteil 2)			
= Betriebsergebnis			
+ außerordentliche Erträge			
./. außerordentliche Verluste			
= Gewinn vor Steuern			
./. Steuern			
= Reingewinn			

Achtung: Wie im Planteil 3 „Löhne und Gehälter" bereits angesprochen, entnehmen Sie Ihr Gehalt als Einzelunternehmer, Freiberufler oder als Gesellschafter einer GbR aus dem Reingewinn. Genauso verhält es sich mit Ihren Privatversicherungen (im Planteil 7 behandelt). Tilgungen werden – unabhängig von der Rechtsform – ebenfalls vom Reingewinn bestritten.

Im Gründungsjahr selbst ist selten mit einem positiven wirtschaftlichen Ergebnis zu rechnen. Sind aber auch die Folgejahre nur durch rote Zahlen gekennzeichnet, prüfen Sie Ihre Planteile nochmals auf Ungereimtheiten. Ist der Umsatz zu niedrig, sind die variablen Kosten zu hoch? Ursache dafür können auch falsch kalkulierte Preise sein. Prüfen Sie dann Ihre Kostenpläne und versuchen Sie, Positionen zu kürzen oder einzusparen. Bringt auch das keine deutliche Verbesserung, liegt der Verdacht nahe, daß Ihre Idee wirklich nicht realisierbar ist.

Sieht das Ergebnis eher gut aus, sollten Sie jedoch nicht übermütig werden, da Sie mit Planzahlen arbeiten. Die Ergebnisse sind noch zu realisieren.

Planteil 11: Privatausgabenplan

Ihre Planung ist so gut wie komplett. Doch haben Sie auch an Ihre *private* Ausgabenrechnung gedacht? Einige Positionen wurden bisher von Ihrem Arbeitgeber übernommen, in Abhängigkeit von Ihrer gewählten Rechtsform haben Sie nun vieles selber zu bestreiten.

Für Ihren *Lebensunterhalt* können Sie, falls Sie sich nicht ganz sicher sind, einen Orientierungswert von 600 bis 800 DM/Monat/Person ansetzen.

Bei der Position *Miete und Nebenkosten* vergessen Sie bitte Dinge wie Umlagen, Heizung, Wasser und Abwasser, Kosten für Entsorgung, Strom etc. nicht. *Verpflichtungen aus sonstigen Verbindlichkeiten* sind beispielsweise Zins und Tilgung *privater* Kredite.

Bei den *Kfz-Kosten* müssen Sie beachten, daß diese evtl. künftig wegfallen bzw. erheblich niedriger ausfallen, da teilweise eine geschäftliche Nutzung vorliegen wird. Unter die Position *Vertraglich festgelegte Sparbeiträge* fallen Zahlungen für Lebensversicherungs-, Spar- oder Bausparverträge.

Unter dem Punkt *Sonstige Ausgaben* fassen Sie Ausgaben zusammen für Hobby, Zeitungen/Zeitschriften, Mitgliedsbeiträge, Bildung.

Checkliste 29 Planteil 11: Privatausgabenplan

Aufwand	Zeitpunkt		Jahres-summe
	Januar...	*Dezember*	
Lebensunterhalt			
Miete und Nebenkosten			
Baufinanzierung			
Ratenverpflichtungen			
Verpflichtungen aus sonstigen Verbind-lichkeiten			
Kfz-Kosten und -Versicherung			
Kranken- und Sachversicherungen			
Rentenversicherung			
Vertraglich festgelegte Sparbeiträge			
Unterhaltsverpflichtungen			
Einkommensteuer			
Sonstige Ausgaben			
Gesamtausgaben			

Die Gesamtausgaben, die sich somit errechnen, stellen Ihren künftigen Mindestunternehmerlohn dar.

Planteil 12: Liquiditätsrechnung

Sie wissen zwar zu diesem Zeitpunkt, wieviel Geld Sie wofür benötigen und woher es kommen soll, aber Ihren exakten Geldbedarf für
die *einzelnen Perioden* kennen Sie noch nicht. Jedes Unternehmen
muß jedoch *ständig* seinen *finanziellen Zahlungsverpflichtungen
nachkommen* können und seine Zahlungsfähigkeit sichern, sprich
liquide (= flüssig) sein.

Achtung: Im Gegensatz zu den bisher erstellten Planteilen, müssen Sie hier *Brutto*beträge ansetzen.

Für Sie als Unternehmer stellt die bei Umsatzerlösen erhobene
Umsatzsteuer eine Zahllast gegenüber dem Finanzamt dar. Diese
Zahllast können Sie durch die von Ihnen bezahlte Vorsteuer mindern
oder ganz ausgleichen. Da Sie diese Vorsteuer jedoch zunächst zahlen müssen, und die von Ihnen erhobene Umsatzsteuer Ihnen zunächst als Geldmittel zur Verfügung steht, müssen Sie in der Liquiditätsrechnung Bruttobeträge ansetzen.

Sie planen hier Ihre *tatsächlichen Einnahmen* und *Ausgaben.* Das
bedeutet: Sie dürfen keine Aufwendungen ansetzen, die nicht tatsächlich zu Ausgaben werden (z.B. Abschreibungen).

Für die Position *liquide Mittel* setzen Sie jeweils die Summe aus
Eigenmittel, Beteiligungskapital, langfristige Kredite und Förder-
mittel (Planteil 9) an. Also alle Finanzierungsquellen, aus denen
Ihnen *tatsächlich* Geld zufließt.

Checkliste 30 Planteil 12: Liquiditätsrechnung [Quelle: Kirst U (1999). Selbständig mit
Erfolg]

Position	*Zeitpunkt*		*Jahres-summe*
	Januar...	*Dezember*	
Liquide Mittel (Kasse, Bankguthaben)			
+ Einnahmen aus Umsätzen (brutto)			
+ außerordentliche Erträge (brutto)			

Checkliste 30 (Fortsetzung)

= Summe Einnahmen			
./. Investitionen (brutto)			
./. Fixkosten (brutto)			
./. Variable Kosten (brutto)			
./. Markteinführungskosten (brutto)			
./. Gründungskosten (brutto)			
./. Tilgung Fremdkapital			
./. Steuern			
./. außerordentliche Verluste (brutto)			
./. Privatentnahmen			
= Summe Ausgaben			
Einnahmen ./. Ausgaben			
Saldo Vormonat			
Liquidität (Saldo)			

Die *Liqiudität* (Saldo) gibt Auskunft über die *Zahlungsfähigkeit* Ihres Unternehmens.

Ist dieser Betrag positiv, spricht man von einer *Überdeckung*, d.h. Sie können Ihren gesamten Zahlungsverpflichtungen nachkommen und sind somit liquide.

Bei einer *Unterdeckung* kann Ihr Unternehmen seinen fälligen Verbindlichkeiten nicht mehr nachkommen, das finanzielle Gleichgewicht ist gestört. Ist die Geldverlegenheit nur vorübergehender Natur, weil z.b. fällige Forderungen nicht termingerecht eingegangen sind, dann liegt eine Zahlungsstockung *(Unterliquidität)* vor, die mit Bankkrediten unter Umständen kurzfristig noch überbrückt werden kann. Ist die Einstellung der Zahlungen dagegen von Dauer, so bezeichnet man diesen Zustand als Zahlungsunfähigkeit *(Illiquidität)*, die in der Regel zum Konkurs oder Vergleich führt.

Planteil 13: Gesamtkapitalbedarf

Jetzt besitzen Sie alle notwendigen Daten, um Ihren Gesamtkapitalbedarf zu ermitteln. Dieser Betrag wird der Ausgangspunkt für Ihre Bankgespräche sein. Er enthält sowohl die betrieblichen Ausgaben einschließlich der Investitionen als auch die Kosten für Ihren privaten Lebensunterhalt.

Tragen Sie in der Checkliste „Planteil 13: Gesamtkapitalbedarf" (Checksliste 31) zunächst die *Gesamtsummen* der folgenden Planteile ein:

- Die Investitionen (Planteil 1)
- Die Markteinführungskosten (Planteil 5)
- Die Gründungskosten (Planteil 6)

Dadurch haben Sie alle Ausgaben erfaßt, die mehr oder weniger von einmaliger Art sind.

Danach erfassen Sie die übrigen Aufwendungen *der ersten 3 Monate*[4]:

- Die Fixkosten (Planteil 7)
- Eventuelle Tilgungen
- Die Variablen Kosten (Planteil 8)
- Ihre Privatausgaben (Planteil 11)

Diese Aufwendungen werden i.d.R. jeden Monat mehr oder weniger in der gleichen Höhe anfallen. Durch die 3-Monatsplanung ist ge-

---

[4] Die 3-Monatsplanung ist aus vielen Erfahrungen abgeleitet. Falls Sie es in Ihrem Fall für gegeben halten, können Sie auch vier Monate ansetzen.

währleistet, daß Sie die ersten Monate Ihrer Unternehmensgründung „überstehen", selbst wenn Sie wenig Umsätze realisieren.
Von Ihrer „Summe Mittelabfluß gesamt" ziehen Sie nun Ihre Eigenmittel und andere Gesellschaftereinlagen ab. Falls Sie in diesen ersten drei Monaten schon Umsätze geplant haben, sind diese Beträge ebenfalls abzuziehen; sie mindern also Ihren Bedarf an Fremdmitteln.

Checkliste 31 Planteil 13: Gesamtkapitalbedarf [Quelle: Kirst U (1999). Selbständig mit Erfolg]

Mittelabfluß	
Gesamtsumme Investitionen (Planteil 1)	.... DM
Gesamtsumme Markteinführungskosten (Planteil 5)	.... DM
Gesamtsumme Gründungskosten (Planteil 6)	.... DM
Fixkosten (Planteil 7) Monat 1 bis 3	.... DM
Variable Kosten (Planteil 8) Monat 1 bis 3	.... DM
Tilgung Monat 1 bis 3	.... DM
Privatausgaben (Planteil 11) Monat 1 bis 3	.... DM
Summe Mittelabfluß gesamt (entspricht Ihrem Gesamtkapitalbedarf)	.... **DM**
Mittelzufluß	
./. Eingesetzes Eigenkapital (in Planteil 9 enthalten)	.... DM
./. Umsätze (Planteil 4) Monat 1 bis 3	.... DM
Saldo (entspricht Ihrem Bedarf an Fremdmitteln)	.... **DM**

3.3.6.2
Ergebnisse für das Unternehmenskonzept

Sie haben nun die 13 Planteile des Finanzplans erarbeitet. Das hat viel Mühe und Arbeit gekostet, ist aber unumgänglich und macht sich auf jeden Fall bezahlt. Nun sind Sie auf alle Fragen seitens der Bank oder seitens Ihrer Partner, Kunden etc. bestens vorbereitet.

3.3.7
Anlagen

Im Anhang eines ausführlichen und überzeugenden Unternehmenskonzepts können Sie Unterlagen unterbringen, die den Fluß in der Argumentation Ihres Unternehmenskonzepts hemmen würden, aber zur Illustration und Begründung mancher Aussagen sehr nützlich sein können.

Checkliste 32 Anlagen Unternehmenskonzept

Lagepläne	❏ Ja	❏ Nein
Grundrisse	❏ Ja	❏ Nein
Markforschungsergebnisse	❏ Ja	❏ Nein
Produktbeschreibungen und -pläne	❏ Ja	❏ Nein
Prototypen	❏ Ja	❏ Nein
Patentrechte	❏ Ja	❏ Nein
Anfragen künftiger Kunden	❏ Ja	❏ Nein

Checkliste 32 (Fortsetzung)

Bestätigungen für eine Auftragserteilung nach der Gründung	❐ Ja	❐ Nein
Berechnungsgrundlagen	❐ Ja	❐ Nein
Mietverträge	❐ Ja	❐ Nein
Gesellschaftsverträge	❐ Ja	❐ Nein
Zeugnisse und Bescheinigungen	❐ Ja	❐ Nein

Tip: Denken Sie auch bei der Gestaltung Ihres Anhangs daran, daß weniger oft mehr ist.

3.4
Zusammenfassung

Sie haben nun in die *Funktionen*, den *inhaltlichen Aufbau* und das *Erstellen* des *Unternehmenskonzepts* kennengelernt.

In diesem Zusammenhang sei nochmals darauf hingewiesen, daß das *Unternehmenskonzept neben der Gründerperson Dreh- und Angelpunkt* einer erfolgreichen Existenzgründung ist. Nehmen Sie sich für diesen Teil auch genügend Zeit. Planen Sie einige Monate ein, bis Ihr Unternehmenskonzept in seiner gewünschten Form vollendet ist.

Gehen Sie die Checkliste „Übersicht Unternehmenskonzept" (Checkliste 33) vor Ihrem ersten Bankgespräch nochmals durch. Wenn Sie jedes Element des Unternehmenskonzepts „abhaken" können, steht einem erfolgreichen Abschluß im Normalfall nichts mehr im Weg und Sie können sich an die Durchführung Ihrer Unternehmensgründung wagen.

Hinweis: Der Aufbau Ihres Unternehmenskonzepts und die darin enthaltenen Elemente können von dem in diesem Buch dargestellten Konzept abweichen. Nutzen Sie jedoch diesen Businessplan als Grundlage und variieren Sie ihn nach Ihrem eigenen Ermessen.

Checkliste 33 Übersicht Unternehmenskonzept

1. Vorhabensbeschreibung	❐ Vorhanden
2. Lebenslauf	❐ Vorhanden
3. Markt- und Standortanalyse	❐ Vorhanden
4. Absatzkonzeption	❐ Vorhanden
5. Marketingkonzept	❐ Vorhanden
6. Finanzplan	❐ Vorhanden
Investitionen	❐ Vorhanden
Abschreibungen	❐ Vorhanden
Löhne und Gehälter	❐ Vorhanden
Umsätze	❐ Vorhanden
Markteinführungskosten	❐ Vorhanden
Gründungskosten	❐ Vorhanden
Fixkosten	❐ Vorhanden
Variable Kosten	❐ Vorhanden
Finanzierungsplan	❐ Vorhanden
Erfolgsrechnung	❐ Vorhanden
Privatausgabenplan	❐ Vorhanden
Liquiditätsrechnung	❐ Vorhanden
Gesamtkapitalbedarf	❐ Vorhanden
7. Anlagen	❐ Vorhanden

4 Umsetzung

Sie haben nun Ihr Unternehmenskonzept vor sich liegen, haben alle Faktoren zu einer erfolgreichen Existenzgründung berücksichtigt und haben sich für die Gründung entschieden – jetzt gilt es, Ihre *aufwendige und gewissenhafte Planung in die Tat umzusetzen*, Ihren Weg von der Absicht „Unternehmer zu werden" zu realisieren, um somit „Unternehmer zu sein".

Doch auch hier vollzieht sich der Schritt nicht von heute auf morgen. Erstellen Sie sich einen groben Zeitplan, bis wann welcher Punkt erledigt sein muß, damit Sie entsprechend handeln können.

4.1
Vorbereitung

Dies ist der Moment, Ihr Projekt zu konkretisieren und die einzelnen Schritte Ihrer Existenzgründung in die Wege zu leiten.

4.1.1
Bankgespräch

Förderkredite und Bankkredite müssen bei der Bank oder Sparkasse beantragt werden. Bevor Sie sich jedoch für ein Institut entscheiden, vereinbaren Sie Gespräche mit mehreren Banken und prüfen Sie deren Leistungen und Konditionen. Als erste Adresse empfiehlt sich natürlich Ihre Hausbank. Zum einen sind Sie dieser bereits bekannt und zum anderen kennt man sich dort mit den örtlichen Gegebenheiten aus.

Doch leider scheitern viele potentielle Unternehmer bei ihrem ersten Bankgespräch. Das liegt einerseits daran, daß sie auf Risikoscheu oder Desinteresse seitens des Kreditinstituts stoßen, andererseits daran, daß sich manche Gründer selber disqualifizieren. Ein ausgearbeitetes Unternehmenskonzept und ein gut vorbereitetes und

richtig geführtes Bankgespräch sind daher entscheidend für einen erfolgreichen Abschluß.
Die Checkliste „Erstes Bankgespräch" (Checkliste 34) gibt Tips für den richtigen Auftritt beim Gespräch mit der Bank.

Checkliste 34 Erstes Bankgespräch

Vorbereitung

Je besser Sie sich auf Ihr Bankgespräch vorbereiten, desto größer sind Ihre Chancen, Ihre Ziele zu erreichen. Ein ausgereiftes Unternehmenskonzept mit den zugehörigen Planteilen gehört zu einer guten Vorbereitung.

Unterlagen vorab

Erkundigen Sie sich, ob und welche Unterlagen ggf. vor dem Gespräch eingereicht werden sollen. Dadurch vermeiden Sie, daß Sie wichtige Unterlagen vergessen oder nicht vorbereitet haben.

Berater mitnehmen

Es spricht nichts dagegen, einen Berater zu dem Gespräch mitzunehmen. Auf keinen Fall darf das Gespräch aber so gestaltet werden, daß ausschließlich der Berater die Verhandlungen führt und Sie als stiller Beobachter teilnehmen. Reden müssen hauptsächlich Sie selbst, denn es geht schließlich um Ihre Existenzgründung.

Sicher auftreten

Viele Gründer verhalten sich wie unsichere Bittsteller. Sie müssen den Banker jedoch für Ihr Vorhaben begeistern und ihn von dem geplanten Projekt überzeugen. Stellen Sie klar heraus, daß Sie an einer vertrauensvollen Zusammenarbeit interessiert sind und ihn auch künftig gut informieren werden.

Probleme und Lösungen bedenken

Versetzen Sie sich in die Rolle der Bank. Überlegen Sie sich, welche Probleme die Bank bei Ihrem geplanten Vorhaben sehen könnte und erarbeiten Sie mögliche Lösungsansätze.

Öffentliche Fördermittel verlangen

Behalten Sie das Ziel des Gesprächs im Auge: Sie wollen die Bank überzeugen, Ihr Vorhaben zu finanzieren und gemeinsam eine günstige Lösung zu finden. Im Regelfall bedeutet dies: Öffentliche Fördermittel, ergänzt um ein Hausbankdarlehen. Für den Fall, daß die Bank von Fördermitteln abrät, bleiben Sie hartnäckig.

Checkliste 34 (Fortsetzung)

Förderprogramme kennen

Es hat sich bewährt, die für die Gründung in Frage kommenden Förderprogramme zu kennen. Informieren Sie sich deshalb bereits vor dem Bankgespräch über die Fördermöglichkeiten.

Konzept ggf. überprüfen

Im Falle einer Ablehnung seitens der Bank: Fragen Sie unbedingt nach den Gründen, um Ihr Konzept und Ihre Entscheidung sich selbständig zu machen überprüfen zu können.

Hinweis: Sehen Sie die Bank als Ihren *ersten Kunden* an, der Ihr Produkt und Ihre Leistung kritisch betrachtet.

4.1.2
Geschäftsräume

Falls Sie kein eigenes Grundstück oder Gebäude besitzen und auch nicht die Absicht haben dergleichen zu kaufen, müssen Sie Ihre Produktionsstätte, das Büro oder das Geschäft mieten oder pachten.

Ein Mietvertrag ist grundsätzlich formfrei und beinhaltet die Überlassung von Sachen, Grundstücken, Gebäuden u.ä. gegen Mietzins. Wird das Objekt für länger als ein Jahr gemietet, ist der Vertrag schriftlich abzuschließen. Im Gegensatz zum Mietvertrag beinhaltet ein Pachtvertrag nicht nur das Recht auf den Gebrauch des Objekts, sondern auch das Recht auf den Ertrag hieraus. Grundsätzlich gilt: Leere Räume mietet man, eingerichtete Gewerbebetriebe pachtet man.

Lassen Sie sich jedoch nicht durch schöne Worte des Vermieters blenden. Bedenken Sie, daß die Höhe der Miete oder Pacht einen wesentlichen Bestandteil Ihrer Fixkosten darstellt. Berechnen Sie deshalb die für Sie erträgliche Preisobergrenze. Entscheiden Sie sich nicht voreilig und achten Sie darauf, daß das Angebot mit den Anforderungen an das Objekt übereinstimmt, die Sie im Rahmen Ihrer Markt- und Standortanalyse ermittelt haben.

Streben Sie, je nach Interessenlage, eine entsprechende Laufzeit an. Bedenken Sie jedoch: eine langfristige Laufzeit nimmt Ihnen die Chance früher auszusteigen und eine kurzfristige Laufzeit kann unter Umständen Ihren Standort gefährden.

Im Falle einer positiven Geschäftsentwicklung sollten Sie sich zudem abgesichert haben, daß eine Erweiterung des Objekts möglich ist.

Tip: Lassen Sie das Angebot und den Vertrag von entsprechenden Fachleuten (z.B. Anwalt) prüfen.

4.1.3
Lieferanten

Sie müssen Ihr Unternehmen mit allen notwendigen Produktionsfaktoren versorgen. Deshalb müssen Sie sich zu einem relativ frühen Zeitpunkt Gedanken über Ihre zukünftigen Lieferanten machen und Kontakte zu diesen aufnehmen.

Dazu ist es notwendig, eine Lieferanten-Marktanalyse durchzuführen, also das *Angebot* der in Frage kommenden Lieferanten und deren *Leistungen* zu *ermitteln.* Ein in der Praxis sehr bewährtes Instrument stellen dabei die „Wer liefert Was?"-Datenbanken „CD-BOOK" und „EURO-CD-BOOK" der Wer liefert Was? GmbH in Hamburg dar (Die Bestelladresse entnehmen Sie bitte dem Anhang). Diese Datenbanken wenden sich speziell an Einkäufer und Interessenten, die bezüglich der verzeichneten Produkte und Dienstleistungen mit den Anbietern in Kontakt treten wollen. Sie können mittels dieser Software nach Produkten, Firmen, Marken oder Rubriknummern suchen. Die zur Auswahl stehenden Länder sind in dem CD-BOOK Deutschland, Österreich und die Schweiz. Andere Länder befinden sich in dem EURO-CD-BOOK. Weiterhin können Sie Informationen über zukünftige Lieferanten, über Branchenverzeichnisse oder das Internet bekommen.

Bei den zur *Wahl* stehenden *Lieferanten* ergeben sich jedoch meist Unterschiede in der Höhe der Beschaffungspreise, der Höhe der Transportkosten auf Grund unterschiedlicher Entfernungen, der Länge der Lieferzeiten und der Vertragssicherheit. Alle genannten Faktoren müssen Sie bei der Lieferantenauswahl berücksichtigen, damit die ermittelten Bedarfsmengen termingerecht und zu möglichst niedrigen Kosten zur Verfügung stehen.

Bei der Auswahl Ihrer Lieferanten sollten Sie auch Überlegungen bezüglich der *Anzahl* der *Zulieferfirmen* anstellen. Wollen Sie Ihren Bedarf mit nur einem oder sehr wenigen Lieferanten decken, so hat das den Vorteil, daß Sie bei den Verhandlungen günstigere Konditionen erzielen können. Eine solche Beschaffungspolitik birgt allerdings Gefahren in sich, die Sie durch eine Verteilung des Bedarfs auf mehrere Zulieferer vermeiden können. Bei einem plötzlichen Ausfall eines Lieferanten beispielsweise, kann die eigene Produktions- bzw. Lieferbereitschaft aufrecht erhalten werden, da dessen verhältnismäßig kleiner Lieferanteil von anderen Lieferanten übernommen werden kann.

Hinweis: Versuchen Sie, eine gute Beziehung zu Ihren Lieferanten aufzubauen und vor allen Dingen auch zu pflegen. Gute Lieferantenbeziehungen können sogar mögliche Preisvorteile in den Hintergrund treten lassen, denn die Aufrechterhaltung der Beziehung zu einem bewährten Lieferanten, der höhere Preise fordert, kann im Endergebnis kostengünstiger sein als der Wechsel zu einem weniger zuverlässigen Zulieferer, der einen Preisvorteil in Aussicht stellt.

4.1.4
Kunden

Im Idealfall haben Sie bereits zum Zeitpunkt Ihrer Existenzgründung die ersten Kunden. Das können zum Beispiel Ihr ehemaliger Arbeitgeber, ein Geschäftspartner aus Ihrer Angestelltenzeit oder Personen aus Ihrem Bekanntenkreis sein. Dieser Grundstock erleichtert Ihnen zwar den Start in die Selbständigkeit, doch um Ihre Existenz auf Dauer zu festigen, ist die permanente Suche nach *Neukunden* unerläßlich. Das heißt für Sie: Mit der richtigen Werbung den Weg zum Kunden finden. Ob Sie Ihre Werbung und Ihr Marketing selbst konzipieren oder auf eine Werbeagentur zurückgreifen, bleibt dabei Ihnen überlassen. Die Werbung muß jedoch wie alle betrieblichen Maßnahmen geplant und die Zielsetzung der Werbung festgelegt werden. Neben der Einführung neuer Produkte am Markt kann das Ziel der Werbung die Erweiterung des Absatzes aller oder bestimmter Produkte des Produktionsprogrammes sein oder die Erhaltung des bereits gewonnenen Kundenstammes zum Inhalt haben. Auf welche Werbemittel und Werbeträger Sie dabei zurückgreifen können und sollen, hängt stark von der Branche ab in der Sie sich selbständig machen. Deshalb wird in diesem Zusammenhang auf entsprechende Fachliteratur verwiesen.

Mindestens genauso wichtig wie die Gewinnung von Neukunden ist also die *Kundenbindung.* Ihr Ziel muß es sein, daß der Kunde immer wieder bei Ihnen kauft. Der persönliche Umgang mit Ihren Kunden ist deshalb entscheidend dafür, ob sie zu Ihnen Vertrauen gewinnen oder nicht. Denn nicht allein Ihre Produkte, sondern vor allem auch Ihre Kunden sind die Basis für Ihren Geschäftserfolg und die Art, in der Sie mit ihnen umgehen, zeigt deutlich, wie viel sie Ihnen wert sind und ob Sie gerne mit ihnen zusammenarbeiten. Folgende Punkte können helfen, das Vertrauen der Kunden zu gewinnen und zu erhalten:

- Seien Sie ein guter Zuhörer. Versuchen Sie, durch gezielte Fragen und genaues Zuhören herauszufinden, was der Kunde von Ihnen erwartet und setzen Sie alles daran, diese Erwartungen im Rahmen Ihrer Möglichkeiten zu erfüllen.
- Seien Sie ehrlich. Klären Sie Ihre Kunden über mögliche Nebenkosten oder Risiken auf, auch auf die Gefahr hin, daß er Ihnen einen Auftrag nicht erteilt.
- Seien Sie verläßlich. Die Einhaltung von Zusagen, die Pünktlichkeit bei Lieferterminen – das alles zeichnet Sie als einen guten Unternehmer aus, auf dessen Wort man sich verlassen kann.

Ein wichtiger Bestandteil erfolgreicher Kundenpflege ist der Aufbau einer eigenen *Kundendatenbank*. In dieser Datenbank halten Sie die Anschrift des Unternehmens, die Ansprechpartner, deren Funktionen, die Interessengebiete etc. fest. Auf dem Markt gibt es mittlerweile für ein paar hundert Mark komfortable Datenbankprogramme mit integrierter Serienbriefverwaltung. Doch die beste Kundendatenbank ist nichts wert, wenn sie nicht gepflegt wird. Richten Sie Ihr Augenmerk deshalb auch darauf, Änderungen und Neuerungen in der Kundendatenbank zu aktualisieren.

4.1.5
Mitarbeiter

Ob und in welchem Umfang Sie bei Ihrer Gründung Mitarbeiter brauchen, hängt natürlich stark von der Größe Ihres Vorhabens ab. Starten Sie als Einzelunternehmer, werden Sie zunächst mit diesem Problem nicht konfrontiert sein.

Personalentscheidungen müssen Sie jedoch immer mit der gleichen Sorgfalt treffen wie Sie beispielsweise das Anschaffen einer Maschine planen.

Zum einen ist eine gründliche Personalplanung wichtig, da Personal ein großer Kostenverursacher darstellt, zum anderen, da *qualifiziertes* und *motiviertes* Personal neben ausreichendem Kapital meist der wichtigste Produktionsfaktor darstellt. Und die Bedeutung von guten Mitarbeitern nimmt in der heutigen Zeit auf dem Wege zur Dienstleistungsgesellschaft eher noch zu.

Das zentrale Problem bei der Personalauswahl besteht darin, festzustellen, ob ein Kandidat für die vorgesehene Aufgabe geeignet ist oder nicht. Um den „richtigen Mann am richtigen Platz" einsetzen zu können, müssen Sie zunächst ein *Anforderungsprofil* der zu besetzenden Stelle ermitteln. Diese Analyse sollte neben der Feststellung der einzelnen Tätigkeiten auch Anforderungen, die aus der organisatorischen Eingliederung und aus den Kommunikationsbeziehungen zu anderen Stellen resultieren, umfassen. Die Checkliste „Analyse der Positionsanforderungen" (Checkliste 35) kann Ihnen in diesem Zusammenhang hilfreich sein. Durch die Definition der Anforderungen haben Sie eine einheitliche Bewertungsgrundlage für alle Bewerber.

Checkliste 35 Analyse der Positionsanforderungen [Quelle: Starthilfe (1998). BMWi]

Wie viele Stellen sind zu besetzen?	....
Was genau soll der neue Mitarbeiter tun?	....
Wem ist er unterstellt? Wessen Vorgesetzter ist er selbst?	....
Welche Vollmachten und Befugnisse soll er bekommen?	....
Welche geistigen und körperlichen Anforderungen stellt der Arbeitsplatz?	....

Checkliste 35 (Fortsetzung)

Welche Bildungsabschlüsse müssen von Bewerbern nachgewiesen werden?	....
Welche Zusatzqualifikationen und Berufserfahrungen sind wünschenswert?	....
Welche persönlichen Eigenschaften, Fähigkeiten und Fertigkeiten sind für diese Position wichtig?	....

Damit die Personalauswahl so rational wie möglich durchgeführt werden kann, sollte im Anschluß an die Erfassung der Positionsanforderungen die *Bandbreite der Arbeitsvergütung* festgelegt werden.

Die Anwerbung von Kandidaten kann wirksam durch das Schalten von Anzeigen in regionalen und/oder überregionalen Tageszeitungen erfolgen. Brauchen Sie Fachkräfte, sollten Sie auch die in Ihrer Branche verbreiteten Fachzeitschriften als Medium nutzen oder an Hochschulen entsprechende Anschläge anbringen. Neben der Presse stellen auch Arbeitsamt und private Personalvermittler eine Anlaufstelle für Sie dar.

Die wichtigste Voraussetzung für eine richtige Personalauswahl ist die Analyse der Fähigkeiten der Bewerber, also die *Eignungsprüfung*. Es muß ein Vergleich zwischen den Anforderungsmerkmalen der zu besetzenden Stelle und den Eignungsmerkmalen des Anwärters erfolgen. Dazu müssen Sie zunächst die *Bewerbungsunterlagen* (z.B. Lebenslauf, Zeugnisse, Referenzen, Bewerbungsschreiben) analysieren und eine Vorauswahl der Kandidaten treffen. Diesen ausgewählten Anwärterkreis laden Sie dann zu *Vorstellungsgesprächen* ein, um sich einen näheren Eindruck von der Persönlichkeit, den Fähigkeiten und Interessen der einzelnen Kandidaten verschaffen zu können. Wie Sie sich auf ein Vorstellungsgespräch mit einem potentiellen Mitarbeiter vorbereiten können, zeigt die Checkliste „Vorstellungsgespräch" (Checkliste 36). Nach der ersten Bewerberrunde kann, falls noch keine Entscheidung für einen Bewerber getroffen wurde, eine zweite Runde erfolgen, zu der Sie beispielsweise die zwei interessantesten Kandidaten nochmals einladen.

Checkliste 36 Vorstellungsgespräch

Vorbereitung auf das Gespräch

Nehmen Sie sich für das Gespräch genügend Zeit (1-2 Stunden).
Um ungestört zu sein, sehen Sie das Gespräch in einem Besprechungszimmer vor.
Stellen Sie eine kleine Erfrischung für den Kandidaten in dem Zimmer bereit.
Kurz vor dem Vorstellungsgespräch sollten Sie nochmals die Bewerbungsunterlagen in aller Ruhe lesen.

Das Gespräch - Aufwärmphase

Fragen Sie den Anwärter nach der Anreise, nach seinem persönlichen Befinden.
Stellen Sie ihm kurz den Ablauf, die Dauer und die inhaltliche Strukturierung des Gesprächs vor.

Das Gespräch - Eröffnungsphase

Stellen Sie jeden Teilnehmer des Vorstellungsgesprächs kurz vor.
Danken Sie dem Anwärter für seine Bewerbung und das somit gezeigte Interesse an der ausgeschriebenen Tätigkeit und dem Unternehmen.
Sichern Sie auf jeden Fall die Vertraulichkeit des Gesprächs zu.
Lassen Sie den Bewerber möglichst ungestört über Ausbildungs- und Berufsweg, Motiv für Bewerbung, berufliche Ziele etc. sprechen.
Testen Sie im Anschluß daran Selbsteinschätzung und Motivation, zum Beispiel mit Fragen nach persönlichen Stärken und Schwächen, Meinung über Teamarbeit, Bewältigung konkreter Problemsituationen.
Notieren Sie sich für später Fragen und Unklarheiten.

Das Gespräch - Motivationsphase

Präsentieren Sie das eigene Unternehmen, Aufgabenbereich und Arbeitsplatz mit dem Ziel, den Bewerber für sich zu gewinnen. Führen Sie ihn evtl. durch das Unternehmen.

Das Gespräch - Abschlußphase

Besprechen Sie mit dem Bewerber die Vertragsgestaltung (Einarbeitung, Probezeit, Gehalt, Sozialleistungen), Eintrittstermin, Weiterbildungsmöglichkeiten etc.
Geben Sie noch keine endgültige Entscheidung zu erkennen.
Geben Sie Hinweise auf das weitere Vorgehen.

Die Auswertung

Direkt im Anschluß an das Gespräch sollten Sie den Bewerber nach verbaler Äußerung, Verhalten und Erscheinungsbild beurteilen.

Die letzte Stufe der Personalauswahl ist zugleich eine erste Kontrollstufe: mit Ablauf der drei- bzw. maximal sechsmonatigen *Probe-*

zeit entscheiden Sie, ob ein Bewerber endgültig übernommen werden soll oder nicht.

Neben den ausführlich behandelten Schritten in der Vorbereitungsphase der Umsetzung Ihrer Existenzgründung sollten Sie die IHK bzw. HWK aufsuchen, sollten Kontakt mit Branchenverbänden, Vereinen und Organisationen aufnehmen und weitere Gespräche mit Ihrem Steuerberater oder Anwalt führen.

4.2
Aktion

Nun beginnt für Sie die endgültig letzte Phase Ihrer Existenzgründung, die mit der lang ersehnten *Geschäftseröffnung* bzw. dem lang ersehnten *Unternehmerstart* endet.

4.2.1
Verträge

Sie stehen in Kontakt zu Ihren zukünftigen Lieferanten und Kunden. Machen Sie sich über die Vertragsgestaltung rechtzeitig kundig, denn als Jungunternehmer am Markt können Sie sich nicht mehr in der „Unschuldsfunktion" eines Verbrauchers wähnen. Sie müssen einschlägige Handelsbräuche und Gepflogenheiten Ihrer Branche kennen lernen. So entspricht es beispielsweise kaufmännischer Gepflogenheit, einen formlos geschlossenen Vertrag durch eine Auftragsbestätigung schriftlich zu bestätigen. Gilt dabei Schweigen nach Erhalt der Auftragsbestätigung als stillschweigendes Einverständnis, so ist dies bei einem Vertragsangebot gerade umgekehrt. Hier gilt Schweigen als Ablehnung.

Da das Thema „Vertrag" ein sehr wichtiges und komplexes Element Ihres Unternehmensdaseins darstellt, sollten Sie hier kompetente Hilfe bei Ihrem Rechtsanwalt und entsprechender Fachliteratur suchen.

Tip: Bevor Sie endgültige Verträge abschließen, sollten Sie Vorverträge anstreben, die Sie von Fachleuten prüfen lassen. So vermeiden Sie Fehler bei der Vertragsgestaltung, die in wirtschaftliche Abhängigkeit vom Vertragspartner münden können.

4.2.2
Einrichtung des Rechnungswesens

Nach handelsrechtlichen Vorschriften müssen mit Beginn des Ge-
schäftsbetriebes Bücher geführt werden, die alle Geschäftsvorfälle
fortlaufend, chronologisch, lückenlos und systematisch anhand von
Belegen erfassen. Diese *Buchführungspflicht* erstreckt sich auf alle
Kaufleute und Gesellschaften, die ein Handelsgewerbe nach §1 HGB
betreiben und mit der Eintragung ins Handelsregister auch den Er-
fordernissen einer vollständigen kaufmännischen Einrichtung genügen. Bei Kapitalgesellschaften wird die Buchführungspflicht schon
durch das Entstehen der Gesellschaft begründet. Die Buchführungspflicht beginnt also mit der Gründung und endet mit der Liquidation
eines Betriebes. Der Unternehmer selbst ist für die ordnungsgemäße
Führung der Bücher verantwortlich.

Kassenbuch
Das Kassenbuch ist die Grundlage jeder Buchführung. Hierin müssen alle Einnahmen und Ausgaben, die mit dem Betrieb zusammen-
hängen, täglich vollständig eingetragen werden. Der Barbestand, der
sich aus dem Kassenbuch errechnet, muß mit dem tatsächlich vorhandenen Bargeld übereinstimmen.

Wareneingangsbuch
Jeder, der einen Gewerbebetrieb betreibt, ist zur Führung des Waren-
eingangsbuches verpflichtet. Hierin werden alle eingekauften Halb-
und Fertigwaren sowie Roh-, Hilfs- und Betriebsstoffe eingetragen.

Warenausgangsbuch
Das Warenausgangsbuch braucht nur geführt zu werden, wenn Waren an andere gewerbliche Betriebe geliefert werden, z.B. als Groß-
händler.

Einnahme-Überschuß-Rechnung
Diese vereinfachte Methode der Gewinnermittlung ist steuerlich nur
zulässig, wenn Sie als Kleingewerbetreibender gelten, d.h. Ihr Umsatz nicht höher als 500.000 DM oder Ihr Betriebsvermögen nicht
höher als 125.000 DM oder Ihr gewerblicher Gewinn nicht höher als
48.000 DM im Jahr ist. Auch Freiberufler ermitteln ihren Gewinn
mittels der Einnahme-Überschuß-Rechnung. Sind Sie als Kaufmann
ins Handelsregister eingetragen, ist dieses Verfahren nicht zulässig.

Bei der Einnahme-Überschuß-Rechnung wird mittels eines einfachen Journals der Erfolg als Unterschiedsbetrag zwischen Betriebseinnahmen und Betriebsausgaben errechnet. Dazu stellen Sie alle Einnahmen, die bar oder auf einem Ihrer Konten eingehen, den Ausgaben gegenüber. Bei den Betriebsausgaben ist eine Untergliederung in Kostenarten sinnvoll. Anfallende Kostenarten können beispielsweise Löhne/Gehälter, Wareneinkauf, Bürokosten, Betriebliche Steuern, Zinsen etc. sein.

Die Aufzeichnungen müssen so sein, daß die Finanzverwaltung ohne Schwierigkeiten und innerhalb angemessener Zeit die Besteuerungsgrundlagen ermitteln kann. Zudem müssen alle Aufzeichnungen vollständig, zeitgerecht und in geordneter Reihenfolge erfolgen.

Hinweis: Ob Sie die Einnahme-Überschuß-Rechnung in Ihrem speziellen Fall anwenden dürfen, erfragen Sie am besten bei Ihrem Steuerberater.

Kaufmännische Buchführung

Eine kaufmännische Buchführung ist dann erforderlich, wenn der Betrieb die vorgenannten Grenzen überschreitet.

Hierbei müssen bei Einrichtung der Buchführung ein Kontenplan und eine Eröffnungsbilanz aufgestellt werden. Am Ende des Geschäftsjahres erfolgt mittels Inventur die Erfassung des Inventars. Anschließend wird der Gewinn ermittelt mit Hilfe der Bilanz und der Gewinn- und Verlustrechnung.

Wichtig ist in diesem Zusammenhang, daß jeder Kaufmann verpflichtet ist, folgende Unterlagen geordnet die vorgeschriebene Zeit aufzubewahren:

1. Handelsbücher, Inventare, Eröffnungsbilanzen, Jahresabschlüsse, Lageberichte, Konzernabschlüsse, Konzernlageberichte sowie die zu ihrem Verständnis erforderlichen Arbeitsanweisungen und sonstigen Organisationsunterlagen – zehn Jahre.
2. Empfangene Handelsbriefe – sechs Jahre.
3. Wiedergabe der abgesandten Handelsbriefe – sechs Jahre.
4. Buchungsbelege – sechs Jahre.

Hinweis: Haben Sie sich bisher nur wenig mit kaufmännischer Buchführung beschäftigt, sollten Sie einen Fachmann (z.B. Steuerberater) hinzuziehen.

4.2.3 Formalitäten

Bei der Aufnahme einer selbständigen Tätigkeit muß der Gründer eine Reihe gesetzlicher Vorschriften beachten.

4.2.3.1 Gewerbeanmeldung

Nehmen Sie eine gewerbliche Tätigkeit auf, so müssen Sie dies bei dem *Gewerbeamt* der Ortsbehörde *anmelden.* Freie Berufe (Anwalt, Arzt, Steuerberater etc.) zählen nicht zu den Gewerbetreibenden. Als Zeitpunkt der Anmeldung gilt dabei das Datum, zu dem tatsächlich mit dem Gewerbe begonnen wird. Die Kosten für die Gewerbeanmeldung betragen ca. 40 DM.

Vordrucke für die Anmeldung erhalten Sie beim Gewerbeamt, wobei Durchschläge automatisch u.a. an folgende Stellen weitergeleitet werden: Finanzamt, Berufsgenossenschaft, Statistisches Landesamt, Handwerkskammer, Industrie- und Handelskammer, Gewerbeaufsichtsamt. Von diesen Behörden erhalten Sie weitere Formulare, in denen Sie Angaben zu Ihrem Betrieb machen müssen. Nach korrekter Anmeldung wird Ihr Gewerbe in das *Gewerberegister* eingetragen, das jedoch nicht mit dem Handelsregister zu verwechseln ist.

Um eine störungsfreie Gewerbeanmeldung zu gewährleisten, müssen Sie prüfen, ob es sich bei Ihrem Gewerbe um ein *erlaubnisfreies* oder *erlaubnispflichtiges* Gewerbe handelt. In der Checkliste „Erlaubnispflichtige Gewerbe" (Checkliste 37) sind die wichtigsten erlaubnispflichtigen Gewerbe aufgeführt.

Checkliste 37 Erlaubnispflichtige Gewerbe

Handwerk

Voraussetzung für die Ausübung eines selbständigen Handwerksbetriebes ist die Eintragung in die Handwerksrolle bei der örtlich zuständigen Handwerkskammer, die wiederum erst nach Vorlage des Meisterbriefes erfolgt. Bei einer GmbH kann diese Voraussetzung erfüllt sein, wenn der Betriebsleiter die Meisterprüfung hat. Bei einer Personengesellschaft, wenn die technische Leitung in Händen eines persönlich haftenden Gesellschafters liegt, der die Meisterprüfung hat. Ausnahmegenehmigungen werden erteilt, wenn vergleichbare Befähigungsnachweise erbracht werden können: Ein Diplom an einer Hochschule oder die Abschlußprüfung einer Fachschule in Verbindung mit einer dreijährigen Berufserfahrung in dem betreffenden Gewerbe. Die Handwerkskarte, die Sie von der Handwerkskammer erhalten, muß bei der Gewerbeanmeldung vorgelegt werden.

Checkliste 37 (Fortsetzung)

Gaststättengewerbe

Zur Führung einer Schankwirtschaft, einer Speisewirtschaft oder eines Beherbergungsbetriebes muß die Teilnahme an einem eintägigen IHK-Kurs über lebensmittel- und hygienerechtliche Vorschriften nachgewiesen werden.

Güterkraftverkehr

Für den Nahverkehr (50 km im Radius ab Ortsmitte des Betriebsortes) bedarf es einer Erlaubnis der Kreis- bzw. Stadtverwaltung.
Für den Fernverkehr bedarf es einer Genehmigung der Bezirksregierung.
Voraussetzung in beiden Fällen ist persönliche Zuverlässigkeit und Praxiserfahrung.

Personenbeförderungsverkehrsgewerbe

Für die gewerbliche Beförderung von Personen (Taxi, Bus, Mietwagen) ist eine nachweislich abgelegte IHK-Prüfung erforderlich.
Voraussetzung: polizeiliches Führungszeugnis, fachliche Eignung, Zuverlässigkeit.

Reisegewerbe

Falls das Gewerbe nicht von einem festen Ort, sondern von ständig wechselnden Standorten ausgeübt wird (Schaustellungen, Jahrmarktbuden, Musikaufführungen etc.) ist eine Reisegewerbekarte erforderlich, die Sie beim Gewerbeamt oder Ordnungsamt beantragen können.

Makler, Bauträger und Baubetreuer

Für die Vermittlung der Abschlüsse von Verträgen über Grundstücke, Räume und grundstücksgleiche Rechte sowie die Vermittlung von Vermögensanlagen ist ein Nachweis über geordnete Vermögensverhältnisse und persönliche Zuverlässigkeit erforderlich.

Bewachungsgewerbe

Voraussetzung für die Genehmigung ist zum einen die persönliche Zuverlässigkeit des Gründers, zum anderen müssen die erforderlichen Mittel und Sicherheiten für den Betrieb nachgewiesen werden.

Freiberufler

Wer zu den „geregelten" Freien Berufen zählt (z.B. Rechtsanwalt, Arzt, Steuerberater), braucht bestimmte Zulassungen, um sich selbständig zu machen. Bei den „ungeregelten" Freien Berufen (z.B. Schriftsteller, Künstler, Wissenschaftler) bedarf es keiner besonderen Genehmigung.

Industrie

Anlagen mit besonderen Umwelteinflüssen müssen nach dem Bundes-Immissionsgesetz genehmigt werden.

Tip: Fragen Sie auf jeden Fall bei Ihrer zuständigen IHK oder HWK nach, ob Ihr Gewerbe erlaubnispflichtig ist. Dort erfahren Sie auch, wo Sie die betreffenden Genehmigungen beantragen und bekommen.

Hinweis: Ausländer, die nicht Staatsangehörige eines Mitgliedstaates der Europäischen Gemeinschaft (EG) sind, dürfen ein Gewerbe nur dann anmelden und ausüben, wenn sie über eine Aufenthaltsgenehmigung verfügen. Staatsangehörige eines Mitgliedstaates der EG genießen hingegen Niederlassungsfreiheit und sind Inländern gleichgestellt.

4.2.3.2
Eintragung in das Handelsregister

Im § 29 HGB ist geregelt, daß jeder Kaufmann verpflichtet ist, seine Firma und den Ort seiner Handelsniederlassung bei dem Gericht, in dessen Bezirke sich die Niederlassung befindet, zur Eintragung in das Handelsregister anzumelden. Die Eintragung erfolgt durch einen Notar. Laut § 1 HGB ist derjenige ein Kaufmann, wer ein Handelsgewerbe betreibt, das eine der nachstehend bezeichneten Arten von Geschäften zum Gegenstand hat:

1. Die Anschaffung und Weiterveräußerung von beweglichen Sachen (Waren) oder Wertpapieren, ohne Unterschied, ob die Waren unverändert oder nach einer Bearbeitung oder Verarbeitung weiter veräußert werden.
2. Die Übernahme der Bearbeitung oder Verarbeitung von Waren für andere, sofern das Gewerbe nicht handwerksmäßig betrieben wird.
3. Die Übernahme von Versicherungen gegen Prämie.
4. Die Bankier- und Geldwechslergeschäfte.
5. Die Übernahme der Beförderung von Gütern oder Reisenden zur See, die Geschäfte der Frachtführer oder der zur Beförderung von Personen zu Lande oder auf Binnengewässern bestimmten Anstalten sowie die Geschäfte der Schleppschiffahrtsunternehmer.
6. Die Geschäfte der Kommissionäre, der Spediteure oder der Lagerhalter.
7. Die Geschäfte der Handelsvertreter oder der Handelsmäkler.
8. Die Verlagsgeschäfte sowie die sonstigen Geschäfte des Buch- oder Kunsthandels.
9. Die Geschäfte der Druckereien, sofern das Gewerbe nicht handwerksmäßig betrieben wird.

Neben den nach § 1 HGB als Kaufmann geltende Handelsgewerbe, muß auch die OHG, KG, GmbH und die GmbH & Co. KG ins Handelsregister eingetragen werden.

Beim Handelsregister werden dabei zwei Abteilungen geführt: Abteilung A und Abteilung B. Die Abteilung A nimmt die Eintragung von Einzelunternehmen und Personengesellschaften auf, wobei Firma und Ort der Niederlassung, Geschäftsinhaber, Prokura, Rechtsverhältnisse und Tag der Eintragung festgehalten werden. Die Abteilung B nimmt hingegen die Handelsgesellschaften und Kapitalgesellschaften auf, wobei zusätzlich Gegenstand der Unternehmung, Grund der Unternehmung und Stammkapital festgehalten werden.

Die Einsicht des Handelsregisters sowie der zum Handelsregister eingereichten Schriftstücke ist nach § 9 HGB jedem gestattet. Zudem muß auf den Geschäftsbriefen die handelsrechtliche Eintragung dokumentiert sein.

Tip: Ob Sie sich im Falle Ihrer Gründung ins Handelsregister eintragen lassen müssen, erfragen Sie im Zweifelsfall bei Ihrer IHK, da die Vorschriften im einzelnen kompliziert sein können.

4.2.4
EDV einrichten

Gleichgültig ob Einzelhandel, Handwerksbetrieb, Dienstleister oder High-Tech-Unternehmen – ohne eine auf Ihr Unternehmen abgestimmte *Hard- und Softwareausrüstung* läuft nichts mehr.

Das große Problem ist jedoch, daß der Hard- und Softwaremarkt einem schnellen Wandel unterliegt und eine Fülle an Möglichkeiten bietet. Hat man nun wenig Erfahrung in diesem Bereich, so stellen sich automatisch Unsicherheiten beim EDV-Kauf ein.

So zum Beispiel bei der Hardwareauswahl: Alle paar Wochen kommen neue PCs mit immer schnelleren Prozessoren auf den Markt, während zugleich eben noch als neueste Innovation gepriesene Geräte einem rasanten Preisverfall unterliegen. Der Versuchung eines hochaktuellen PCs sollte jedoch nur erliegen, wer diesen aufgrund seiner Anforderungen wirklich braucht und ihn sich aufgrund seines finanziellen Budgets auch leisten kann. Für die meisten Anwendungen reichen ältere, günstigere Geräte völlig aus. Bei der Hardwareauswahl sollten Sie jedoch den Einsatz von Internet und E-Mail berücksichtigen, denn dies sind mittlerweile weit verbreitete und unerläßliche Kommunikationsmittel geworden.

Neben der technischen Leistung ist beim Kauf von PC und Peripheriegeräten der Service zumindest genauso wichtig. Rascher Vor-Ort-Service und Garantiezeiten von mind. drei Jahren sind für geschäftlich genutzte Geräte ein Muß.

Aber auch das Thema Software stellt Einsteiger vor Probleme. PC-Programme sollen in jedem Fall Routinearbeiten rasch und problemlos erledigen. Welche Software Sie in Ihrem Unternehmen einsetzen, hängt natürlich sehr stark von ihren Anforderungen ab. Wer beispielsweise Bücher führt, braucht Software mit Buchungseingabe, betriebswirtschaftlicher Auswertung und Umsatzsteuerermittlung. Außerdem wichtig: Euro-Fähigkeit und Datenübergabe im Datev-Format, damit Ihr Steuerberater die Steuererklärung übernehmen kann.

Hinweis: Halten Sie sich an die Faustregel „Hardware folgt Software". Das bedeutet, daß Sie zuerst die Softwareanforderungen ermitteln und daraus den Hardwarebedarf bestimmen sollten.

Tip: Suchen Sie professionelle Hilfe und achten Sie darauf, daß Reserven für künftige Programmerweiterungen, neuere Versionen und anwachsende Datenmengen einkalkuliert sind.

4.2.5
Presse

Nutzen Sie die Publizitätswirkung lokaler Tageszeitungen, lokaler Anzeigenblätter und Fach- und Kundenzeitschriften, um über Ihren bevorstehenden Unternehmerstart redaktionell zu berichten. Stellen Sie Ihr Unternehmen vor, in welcher Branche Sie mit welchen Produkten präsent sein werden.

Legen sie sich einen Presseverteiler an und informieren Sie Ihre Ansprechpartner, wann immer es über Ihr Unternehmen Neues zu berichten gibt.

4.2.6
Unternehmerstart

Der Tag, an dem Sie Ihr Geschäft eröffnen bzw. Ihr Unternehmen starten muß ebenso geplant sein, wie alle Schritte bis dahin.

Ein wichtiger Gesichtspunkt ist dabei die Eröffnungswerbung. Entsprechend Ihrem finanziellen Spielraum sollten Sie diese so großzügig wie möglich kalkulieren. Es stehen Ihnen verschiedene Maßnahmen zur Bekanntmachung Ihrer Eröffnung zur Verfügung:

- Schreiben an bestehende und potentielle Kunden/Lieferanten
- Druck und Verbreitung von Handzetteln

- Schaufensterbeschriftung
- Pressepublikationen, Radiospots
- Tag der offenen Tür bei Eröffnung

Für den Fall, daß Sie eine Eröffnungsveranstaltung planen, machen Sie den Besuchern den Tag so interessant und angenehm wie möglich. Wählen Sie einen Wochenendtag und versuchen Sie ein ansprechendes Rahmenprogramm zu bieten. Denkbar sind beispielsweise in diesem Zusammenhang Betriebsführung und Produktvorführung, aber auch Live-Musik und Kinderprogramm.

5 Förderprogramme

Bund, Länder und die Europäische Union helfen seit vielen Jahren durch eine Vielzahl von Förderprogrammen, Hemmnisse bei Unternehmensgründungen zu mindern. Allein die bundeseigene Deutsche Ausgleichsbank (DtA), der in Deutschland führende Anbieter von Existenzgründungsbeihilfen, bewilligte im Jahr 1998 Gründerkredite in Höhe von 9,8 Milliarden Mark für den Auf- und Ausbau von Unternehmen.

Die Zahl der Förderprogramme ist inzwischen so stark angestiegen, daß mancher Existenzgründer Gefahr läuft, „vor lauter Bäumen den Wald nicht mehr zu sehen", denn es gibt mehrere hundert Programme in den verschiedensten Bereichen:

- Allgemeine Finanzierungshilfen
- Bedarfsgerechte Startfinanzierung
- Förderung von Aus- und Weiterbildung
- Förderung von Forschung und Entwicklung
- Programme zur Verbesserung der Umwelt
- Beratungsförderung etc.

Für Unternehmen und Existenzgründer in den neuen Bundesländern kommen noch besondere steuerliche und finanzielle Hilfen hinzu.

Gefördert werden beispielsweise Gründer bei Neugründung oder Übernahme eines Unternehmens sowie tätiger Beteiligung. Außerdem besteht für Unternehmer die Möglichkeit, mit günstigen Förderdarlehen Investitionen in den ersten Jahren nach Gründung, also in der Anlaufphase, zu finanzieren. Diese Art von Investitionen werden auch als Festigungs- oder Wachstumsinvestitionen bezeichnet.

Da sich die Programme von Bundesland zu Bundesland unterscheiden können und sich zudem die Konditionen häufig ändern, empfiehlt es sich für den Gründer, frühzeitig Informationen und Ratschläge bei der zuständigen Industrie- und Handelskammer, der Handwerkskammer, der Hausbank oder auch beim Steuerberater einzuholen. Neben diesen Anlaufstellen stehen Ihnen noch weitere Quellen zur Verfügung, die Sie bitte dem Anhang entnehmen.

Da es den Rahmen dieser Publikation sprengen würde, alle zur Verfügung stehenden Förderprogramme darzustellen, es jedoch einige Grundprinzipien bei der Förderung gibt, wird zunächst auf Förderungsgrundsätze eingegangen und dann exemplarisch einige Förderprogramme erläutert.

5.1
Förderungsgrundsätze

Auch wenn die angebotenen Förderprogramme außerordentlich vielfältig sind, gibt es einige Dinge, die Sie generell beachten müssen. Die in der Checkliste „Förderungsgrundsätze" (Checkliste 38) aufgeführten Spielregeln sollten Sie deshalb in jedem Fall beachten.

Checkliste 38 Förderungsgrundsätze

Hausbankprinzip

Der Antrag für öffentliche Fördermittel muß grundsätzlich bei Ihrem Kreditinstitut gestellt werden und wird über diese Bank an den Geldgeber weitergeleitet. Die Wartezeit bis zur Auszahlung der Mittel beträgt bis zu einem halben Jahr. Sobald der Bewilligungsbescheid über die Fördermittel bei der Hausbank vorliegt, kann sie die Beträge sofort abrufen.

Vorbeginnklausel

Zum Zeitpunkt der Beantragung der Fördermittel dürfen Sie mit dem zu fördernden Vorhaben noch nicht begonnen haben. Das heißt: Zuerst die Fördermittel beantragen und dann erst Verträge abschließen und Bestellungen für Maschinen, Waren, Material etc. auslösen. Nachfinanzierung oder Umschuldung ist nicht möglich.

Kein Rechtsanspruch

Sie besitzen keinen Rechtsanspruch auf die Bewilligung und Zuteilung von Fördermitteln.

Anteilsfinanzierung durch den Antragsteller

Bei nahezu allen Förderprogrammen haben Sie sich als Gründer an der Finanzierung Ihres geplanten Vorhabens durch eigene Mittel zu beteiligen. Dabei gelten keine einheitlichen Vorschriften bezüglich der Höhe Ihrer Eigenmittel, allerdings sehen es die Hausbanken und Förderinsitute gern, wenn Ihr Eigenkapitalanteil recht hoch ist. Das heißt: i.d.R. 15% und mehr Eigenkapital.

Checkliste 38 (Fortsetzung)

Bankübliche Besicherung

In Ihren Gesprächen mit Banken merken Sie sicherlich schnell, daß es kaum einen Kredit ohne die entsprechenden Sicherheiten gibt. Das gilt für Fördermittel genauso wie für herkömmliche Bankkredite.

Zweckgebundener Mitteleinsatz

Alle Förderprogramme haben einen ganz bestimmten Zuwendungszweck. Aus diesem Grund müssen die gewährten Mittel für den festgelegten Zweck auch tatsächlich verwendet werden und darüber ein Nachweis geführt werden.

Mißbrauch ist strafbar

Sie sind verpflichtet, bei Fördermittelanträgen den Tatsachen entsprechende Angaben zu machen. Im anderen Fall droht wegen Subventionsbetrug nach § 264, Absatz 1, Strafgesetzbuch Freiheitsstrafe von bis zu fünf Jahren oder Geldstrafe.

Hinweis: Die hier genannten Punkte sind als Grundprinzipien zu verstehen, die bei den einzelnen Programmen abweichen können.

5.2
Wichtige Förderprogramme speziell für Gründer

Es gibt zahlreiche Förderprogramme, die speziell auf die Gründung eines Unternehmens und dessen Wachstum zugeschnitten sind, indem sie bei bestimmten Gründungsproblemen ansetzen. Das Förderinstrumentarium umfaßt dabei Risikokapital, Kredite, Garantien etc. und kann auch kombiniert werden.

Die im folgenden aufgeführten Förderprogramme sind der aktuellsten Broschüre „Ratgeber für Berater – Die Fördermaßnahmen der Gründer- und Mittelstandsbank des Bundes" der DtA entnommen (Stand Mai 1999) und beziehen sich auf *Risikokapital, Refinanzierungsdarlehen* und *Besicherung*. Da mit Einführung des EURO als Buchgeld zum 1. Januar 1999 die Förderprogramme der DtA auf EURO umgestellt wurden, sind manche Beträge bereits in EURO ausgewiesen. Während der dreijährigen Übergangsphase bis Ende 2001 können die Anträge selbstverständlich noch in DM gestellt werden. Um die Beträge in DM umzurechnen, können Sie grob das Doppelte ansetzen (1 EUR ≈ 2 DM).

ERP-Eigenkapitalhilfe-Darlehen

1. Welches Ziel hat das Programm?
Damit Existenzgründer nicht wegen zu geringem Eigenkapital beim
Aufbau einer selbständigen Existenz scheitern, liefert das Eigenka-
pitalhilfe-Programm den Schlüssel zur Lösung dieses Finanzierungs-
problems. Ziel der Eigenkapitalhilfe ist es, die Eigenkapitalbasis zu
verbreitern und damit den Weg für die Aufnahme von Krediten zur
Finanzierung der Gründungs-, Festigungs- oder Wachstumsinvestitionen zu ebnen.
Die Eigenkapitalhilfe ist ein Darlehen; dennoch hat sie eigenkapi-
talähnlichen Charakter:

- Es sind keine Sicherheiten erforderlich.
- Sie steht zehn Jahre lang in voller Höhe zur Verfügung. Erst
  danach erfolgt eine schrittweise Tilgung.
- In den ersten fünf Jahren fallen keine bzw. sehr niedrige Zinsen
  an.
- Im Insolvenzfall stellt die DtA nur einen nachrangigen Anspruch an die Masse.

2. Wer kann gefördert werden?
Gefördert werden gewerbliche und freiberufliche Existenzgründer.
Dabei ist unerheblich, ob sie zum ersten Mal oder erneut eine selb-
ständige Tätigkeit als Hauptberuf aufnehmen. Das gilt auch, wenn
sie bereits früher einmal Eigenkapitalhilfe bekommen haben und
diese in voller Höhe zurückzahlen konnten.
Festigungs- oder Wachstumsinvestitionen werden in den alten
Bundesländern innerhalb der ersten zwei Jahre nach Gründung bzw.
Übernahme gefördert. In den neuen Ländern beträgt dieser Zeitraum
sogar vier Jahre und kann noch überschritten werden, wenn durch die
Investition ein höheres Wertschöpfungspotential erwartet werden
kann.

3. Welche Voraussetzungen müssen erfüllt sein?
Von den Gründern wird erwartet, daß sie sich durch Einsatz vorhan-
dener Mittel am wirtschaftlichen Risiko des Vorhabens beteiligen.
Deshalb sollten die Eigenmittel 15% der Investitionssumme nicht
unterschreiten.
Bei innovativen Vorhaben, bei Vorhaben von Antragstellern, die
aus den neuen Bundesländern stammen und in den neuen Bundesländern investieren, sowie bei größeren Vorhaben ab eine Million
DM ist eine Förderung auch möglich, wenn weniger als 15% Eigen-

mittel vorhanden sind. Der Gründer muß jedoch seine finanziellen Verpflichtungen aus den erwirtschafteten Erträgen noch gut erfüllen können. Bei Vorhaben über eine Million DM muß er mindestens 150.000 DM bzw. bei einem Investitionsvolumen über drei Millionen DM mindestens 5% dieser Summe aus eigenen Mitteln finanzieren.

Sind mehr als 15% Eigenmittel vorhanden, sind diese vorrangig für das Investitionsvorhaben einzusetzen. Sie können jedoch anteilig auf die förderfähige Investitionssumme, den Betriebsmittelbedarf und ggf. gleichzeitig in Bau befindliche, nicht betrieblich genutzte Gebäudeteile aufgeteilt werden. Zur Sicherung des eigenen Lebensunterhalts können bis zu 10.000 EUR zurückbehalten werden. Haus- und Grundbesitz ist i.d.R. nur dann zur Mobilisierung von Eigenmitteln über die notwendigen 15% hinaus zu beleihen, wenn er zu weniger als 50% mit Hypotheken und Grundpfandrechten belastet ist. Werden jedoch weniger als 15% Eigenmittel eingesetzt, muß eine darüber hinausgehende Belastung oder eine Liquidierung zur Erreichnung der 15%-Grenze gefordert werden.

Die Höhe der Eigenkapitalhilfe hängt ab von den durchgeführten Sachinvestitionen. Auch Markterschließungskosten werden berücksichtigt.

Eine weitere Voraussetzung ist, daß der Gründer eine Stellungnahme zu seinem Vorhaben von einer unabhängigen, fachlich kompetenten Institution, etwa einer Kammer, eines Steuerberaters, Wirtschaftsprüfers oder Unternehmensberaters vorlegt.

4. Mit welchen Konditionen ist zu rechnen?
Bei dem ERP-Eigenkapitalhilfe-Darlehen ist mit folgenden Konditionen zu rechnen:

Zinsen: Die aktuellen Zinsen erhalten Sie per Faxabruf unter 0228/831-3300. Bei dem derzeitigen Zinsniveau werden die Zinsen in den ersten zwei Jahren vom Bund voll übernommen. Die Zinsstaffel sieht wie folgt aus:

1. + 2. Jahr   0,00%
3. Jahr   3,00%
4. Jahr   4,00%
5. Jahr   5,00%
6. – 10. Jahr   6,00% (alte) 5,50% (neue Länder)

Der Zins wird nach dem zehnten Laufzeitjahr den Marktbedingungen angepaßt und gilt dann bis zum Laufzeitende. Vierteljährlich ist ein Garantieentgelt

	in Höhe von 0,7% p.a. des valutierenden Darlehens zu zahlen.
Auszahlung:	96%
Laufzeit:	20 Jahre
	Bei Gründern über 50 Jahren verkürzt sich die Laufzeit um die Jahre über 50, da Eigenkapitalhilfe stets bis zur Vollendung des 70. Lebensjahres zurückzuzahlen ist.
Tilgungsfrei:	10 Jahre; es sei denn, der Gründer ist über 50 Jahre (s.o.).
Sicherheiten:	keine
Höchstbetrag:	500TEUR, bei (Re-)Privatisierungen in den neuen Bundesländern 1000TEUR je Antragsteller. Bereits früher gewährte Eigenkapitalhilfe wird auf den Höchstbetrag angerechnet.
Rückzahlung:	Ab dem achten Jahr ist eine jederzeitige Rückzahlung ohne Mehrkosten möglich. Wird das Darlehen vorher zurückgezahlt, muß die bis dahin erhaltene Zinsverbilligung zurückerstattet werden. Bei Aufgabe der Existenz entsehen diese Kosten nicht.

5. Wie hoch ist die Förderung?
Die Eigenkapitalhilfe stockt die eigenen Mittel bis auf 40% der Investitionssumme auf. Sind mehr als 15% Eigenkapital vorhanden, muß dieses vorrangig eingesetzt werden.

6. Berechnung der Darlehenshöhe
Eigene Mittel (mind. 15%)
+ Eigenkapitalhilfe
= max. 40% des Investitionsvolumens

7. Warenlager
In den neuen Ländern wird das benötigte Warenlager in voller Höhe mitfinanziert.

In den alten Ländern gibt es für die Förderung von Waren folgende Kriterien: Das investierende Unternehmen hat max. 50 Beschäftigte und die Waren haben max. einen 30prozentigen Anteil an den mit Eigenkapitalhilfe finanzierten Investitionen. Liegt der Anteil über 30%, wird die Höhe der für die Berechnung der Eigenkapitalhilfe zugrunde gelegten Investitionen, die sogenannte Bemessungsgrundlage, wie folgt ermittelt:

Sachinvestitionen x 42,8%
= förderfähige Waren
+ Sachinvestitionen
= mit EKH förderbares Investitionsvolumen

8. *Höhere Förderung von Festigungs- oder Wachstumsinvestitionen in den neuen Ländern*
Bei der Förderung von Unternehmen in den neuen Ländern gibt es eine Besonderheit. Hier können auch mehr als 40% der Investitionen, sogar bis zu 75%, mit der Eigenkapitalhilfe finanziert werden, wenn die folgende Voraussetzung erfüllt ist: Das mittelländische Unternehmen würde ohne die Eigenkapitalhilfe eine niedrige Eigenkapitalquote, und damit eine Eigenkaptiallücke, haben. Eine erhöhte Förderung mit EKH ist möglich, wenn die Basis an haftendem Kapital nach Durchführung der Investition 40% des Betriebsvermögens nicht überschreitet.

ERP-Existenzgründungsdarlehen
Das ERP-Existenzgründungsdarlehen zählt zu den Refinanzierungsdarlehen.

1. Welches Ziel hat das Programm?
ERP-Existenzgründungsdarlehen bilden neben der Eigenkapitalhilfe einen wichtigen Eckpfeiler einer soliden Gründungsfinanzierung. Durch die lange Laufzeit mit günstigen und festen Zinsen sind sie für Existenzgründer eine verläßliche Kalkulationsgrundlage.

2. Wer kann gefördert werden?
Das ERP-Existenzgründungsprogramm finanziert gewerbliche und feiberufliche Existenzgründungen mit Ausnahme der Heilberufe. Außerdem können Investitionen innerhalb der ersten drei Jahre nach Aufnahme der selbständigen Tätigkeit mitfinanziert werden. Bei Betriebsverlagerung, die einer Gründung gleichkommen, ist eine Förderung mit ERP-Mitteln unabhängig davon möglich, wie lange das Unternehmen bzw. die selbständige Existenz schon besteht.
Für die ERP-Förderung ist sowohl die Staatsangehörigkeit als auch der Wohnsitz im In- und Ausland ohne Bedeutung.

3. Welche Voraussetzungen müssen erfüllt werden?
Das ERP-Darlehen wird für Sachinvestitionen oder Markterschließungskosten eingesetzt.

Für ERP-Darlehen sind Sicherheiten zu stellen; hier ist die Hausbank Vertragspartner des Existenzgründers. Sie haftet gegenüber der DtA für die fristgerechte Verzinsung und Rückzahlung des ERP-Darlehens. Deshalb entscheidet die Hausbank über die zu stellenden Sicherheiten.

Mangelt es für Vorhaben in den neuen Ländern an banküblichen Sicherheiten, kann die Hausbank eine 50prozentige Haftungsfreistellung beantragen. Das Kreditrisiko der Hausbank wird damit auf 50% des valutierenden Darlehensbetrages nebst Zinsen begrenzt. Die Haftungsfreistellung ist für die Gesamtlaufzeit des Darlehens wirksam. Für diesen Antrag sind keine zusätzlichen Unterlagen erforderlich. Es wird jedoch ein Risikoaufschlag von 0,75% p.a. auf den Zins erhoben.

Alternativ besteht in den neuen Ländern ggf. die Möglichkeit, eine bis zu 80prozentige Ausfallbürgschaft aus dem DtA-Bürgschaftsprogramm zu beantragen. Bundesweit bieten die regionalen Bürgschaftsbanken ebenfalls bis zu 80prozentige Ausfallbürgschaften an.

4. Mit welchen Konditionen ist zu rechnen?
Bei dem ERP-Existenzgründungsdarlehen ist mit folgenden Konditionen zu rechnen:

Zinsen: Die aktuellen Zinsen erhalten Sie per Faxabruf unter 0228/831-3300. Der bei der Darlehenszusage festgelegte günstige Zinssatz gilt bis zum Ende des 10. Jahres. Bei längeren Laufzeiten wird der Zins ab dem 11. Laufzeitjahr an den dann geltenden ERP-Zinssatz angepaßt.

Auszahlung: 100%

Laufzeit: In den alten Ländern: bis zu 10 Jahre, bei Bauvorhaben bis zu 15 Jahre in den neuen Ländern, und in Berlin (Ost und West): bis zu 15 Jahre, bei Bauvorhaben bis zu 20 Jahre.

Tilgungsfrei: Bis zu 3 Jahre in den alten Ländern, bis zu 5 Jahre in den neuen Ländern und Berlin (Ost und West).

Höchstbetrag: 0,5 Mio EUR in den alten Ländern, 1 Mio. EUR in den neuen Ländern und Berlin (Ost und West.

Rückzahlung: jederzeitige Rückzahlung ohne Mehrkosten möglich
Sicherheiten: bankübliche

In den neuen Ländern kann eine 50prozentige Haftungsfreistellung beantragt werden.

5. Wie hoch ist die Förderung?
Der Finanzierungsanteil der ERP-Mittel kann in den alten Ländern bis zu 50%, in den neuen Ländern bis zu 75% der Investitionssumme betragen. Mit anderen öffentlichen Fördermitteln zusammen soll in den alten Ländern eine Obergrenze von 66,7% bzw. in den neuen Ländern von 85% nicht überschritten werden.

Auch ERP-Darlehen werden als Hilfe zur Selbsthilfe gewährt. Eigene Mittel sind daher in die Finanzierung der Investitionen einzubringen. Für den Eigenmitteleinsatz gibt es jedoch keine Mindestgrenze.

6. Berechnung der Darlehenshöhe
Alte Bundesländer:
    ERP-Existenzgründungsdarlehen (max. 50%)
    + andere Fördermittel
    = max. 66,7% der Investitionen
Neue Bundesländer:
    ERP-Existenzgründungsdarlehen (max. 75%)
    + andere Fördermittel
    = max. 85% der Investitionen

7. Warenlager
Die Förderung von Waren im ERP-Existenzgründungsprogramm ist nur noch im Rahmen der „de minimis"-Regelung der Europäischen Kommission möglich. Diese beinhaltet, daß ein Unternehmen innerhalb von drei Jahren zusätzlich zu notifizierten Beihilfen wie z.B. EKH, ERP für Sachinvestitionen weitere „de minimi"-Beihilfen mit einem Subventionswert von max. 100.000 EUR erhalten darf.

Die meisten Investitionsvorhaben erreichen jedoch den Grenzwert von 100.000 EUR nicht. Es ergeben sich keine Auswirkungen auf den Regelhöchstbetrag. Der Subventionswert des mit ERP-Mitteln finanzierten Warenlagers wird jeweils in der Darlehenszusage extra ausgewiesen.

Haftungsfreistellung
Mangelt es für Vorhaben in den neuen Ländern an banküblichen Sicherheiten, kann die Hausbank für ERP- und DtA-Existenzgründungsdarlehen sowie für DtA-Betriebsmitteldarlehen

eine 50prozentige Haftungsfreistellung beantragen. Das Kreditrisiko der Hausbank wird damit auf 50% des valutierenden Darlehensbetrages nebst Zinsen begrenzt. Betriebsmittel-Ergänzungsdarlehen sind mit einer 80prozentigen Haftungsfreistellung versehen.

In den alten Ländern gibt es eine Haftungsfreistellung der DtA-Existenzgründungs- und DtA-Betriebsmitteldarlehen. Hier kann bei geringen Sicherheiten eine 40prozentige Haftungsfreistellung die Finanzierung von Investitionen und Betriebsmitteln erleichtern.

Die Haftungsfreistellung wird für die Gesamtlaufzeit des Darlehens gewährt. Mit Ausnahme des Betriebsmittel-Ergänzungsdarlehens wird ein Risikoaufschlag von 0,75% p.a. auf den Zins erhoben.

6 Hinweise für Existenzgründerinnen

Frauen, die sich selbständig machen wollen, sollen und können nicht vor den Härten des Marktes und des Wettbewerbs geschützt werden. Es geht nicht darum, ihnen einen Schutzraum zu schaffen, es geht vielmehr darum, das unternehmerische Potential von Frauen, das vielfach noch brach liegt, zu entfalten und für die Wirtschaft zu nutzen. Im Rahmen der Existenzgründeroffensive in Deutschland sollen daher mehr qualifizierte Frauen motiviert werden, die Chancen, die der Strukturwandel bietet, zu nutzen und die Selbständigkeit frühzeitig in ihre Lebens- und Berufsplanung einzubeziehen. Aus diesem Grund werden immer mehr Unterstützungsangebote geschaffen, die zielgruppenorientiert sind, also auf die Besonderheiten eingehen, die Existenzgründerinnen von Gründern unterscheidet.

6.1
Unterschiede Gründerin – Gründer

Anhand von Erfahrungen des Informationszentrums für Existenzgründungen (ifex) lassen sich folgende Unterschiede zwischen Existenzgründerinnen und -gründern zusammenfassen.

Unterschiede im Gründungsverhalten
Frauen wählen meist den schrittweisen Einstieg in die Selbständigkeit oder gründen in Teilzeit. Dabei gründen sie vielfach kleinere Unternehmen in Branchen mit hoher Konkurrenz, geringer Wirtschaftlichkeit und Wachstumsproblemen.

Die deutsche Ausgleichsbank ermittelte, anhand von erteilten Zusagen in Eigenkapitalhilfe-Programmen und ERP- und DtA-Existenzgründungsprogrammen im Jahr 1996, die in der Abb. 5 dargestellten Unterschiede bezüglich der Branchen, in denen sich Frauen und Männer selbständig machen.

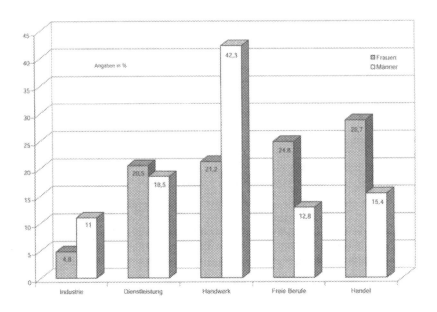

Abb. 5 Wo sich Frauen und Männer selbständig machen [Quelle: DtA, 1996]

Die Auswertung macht deutlich, daß Frauen zwar in allen Branchen gründen, bestimmte Wirtschaftszweige jedoch eine besondere Anziehungskraft ausüben. Frauen gründeten 1996 in erster Linie in den Freien Berufen (viele Heilberufe), im Handel (v.a. Textil- und Bekleidung) und im Handwerk (besonders Friseurmeisterinnen).

Unterschiede in der Erwerbsbiographie
Die Erwerbstätigkeit von Frauen ist meist durch familienbedingte Überlegungen geprägt. So fällt beispielsweise die Berufswahl auf Berufe, die einen Einstieg nach einer „Familienpause" im Regelfall ohne Probleme zulassen, gleichzeitig jedoch die beruflichen Perspektiven deutlich einschränken. Eine Folgeerscheinung dieser Entscheidung ist in vielen Fällen, daß die Chancen, aus unselbständiger Arbeit Rücklagen zu bilden, gering sind und Frauen somit weniger Eigenkapital und Sicherheiten bei der Gründung vorweisen können.

Unterschiedliche Herangehensweise
Eine eigene Existenz aufzubauen ist für Männer meist eine berufliche Entscheidung. Für viele Frauen hingegen stellt die Selbständig-

keit eine Lebensstrategie dar, in der persönliches Wachstum und Selbstbestimmung tragende Motive sind. Dennoch nehmen viele Existenzgründerinnen die speziell für sie erarbeiteten Informations-, Beratungs-, Weiterbildungs- und Förderangebote nicht ausreichend in Anspruch.

Unterschiede in den äußeren Rahmenbedingungen
Frauen haben in vielen Fällen mit Vorurteilen zu kämpfen. So haben sie eher Akzeptanzprobleme bei Banken, Kunden und Lieferanten, was nicht zuletzt auf Defizite in Sachen Verhandlungstaktik zurückzuführen ist. Auch stoßen Gründerinnen auf Zweifel in Bezug auf die Ernsthaftigkeit ihrer Absichten in ihrem unmittelbaren Umfeld. Nach Einschätzung von Expertinnen liegen diese Probleme in der Tatsache begründet, daß sich Frauen „nicht so gut verkaufen können" und ihnen häufig geschäftliche Beziehungen aus dem Erwerbsleben fehlen.

6.2
Problembehandlung

Bedingt durch die angesprochenen Unterschiede zwischen Gründerinnen und Gründern, werden Frauen oftmals mit anderen Startbedingungen konfrontiert als Männer. Das bedeutet keineswegs Sonderbehandlung für Existenzgründerinnen, sondern vielmehr eine Problembehandlung aus anderer Sichtweise.

6.2.1
Akzeptanzprobleme in der Anfangsphase

Gerade in der Anfangsphase kann es zu Akzeptanzproblemen in den verschiedensten Bereichen kommen: bei Banken, Kunden, Lieferanten und sogar bei eigenen Mitarbeitern. Über diese Hürde hilft nur eines hinweg: Kompetenz, Kompetenz und nochmals Kompetenz. Sie müssen Ihre Verhandlungspartner mit Ihrem Wissen überzeugen, kurz und prägnant zur Sache kommen und Ergebnisse vorweisen. Häufig scheitern Frauen in diesem Zusammenhang jedoch an mangelnder Verhandlungserfahrung.

Tip: Weiterbildungseinrichtungen, Frauenvereinigungen und Frauenverbände bieten besondere Verhaltenstrainings und Rhetorikkurse an.

6.2.2
Verhandlungen mit Banken

Es wird häufig behauptet, daß Frauen von Banken anders behandelt werden als Männer. Auf diese Aussage hin entwickeln viele Gründerinnen eine Scheu gegenüber Kreditinstituten. Kommt dann noch das Problem „sich nicht so gut verkaufen zu können" hinzu, kann sich dies bei Verhandlungen mit Banken negativ bemerkbar machen. Bedingt durch die Schlüsselposition, die die Banken als Kreditgeber bei einer Existenzgründung jedoch haben, ist eine intensive Vorbereitung auf das Bankgespräch von großer Bedeutung (s. Kap. 4.1.1 Bankgespräch).

Tip: Überzeugen Sie das Kreditinstitut durch ein sicheres Auftreten und einer genauen Vorstellung von Gestalt und Perspektive des zu gründenden Betriebs. Gehen Sie nicht mit der Überzeugung zu Ihrem Gespräch, daß Sie eine schlechtere Ausgangsposition als Ihre männlichen Kollegen haben, denn diese Überlegung spiegelt sich in Ihrem Auftreten wieder und Sie schmälern Ihre Chancen auf einen positiven Abschluß selbst.

6.2.3
Partnerschaft – Familienplanung

In der Gründungsphase, aber auch danach, sind Selbständige auf Unterstützung aus ihrem persönlichen Umfeld angewiesen. Dies gilt in besonderem Maße für Gründerinnen mit Familie. Während männliche Gründer in der Regel auf uneingeschränkte Unterstützung seitens der Partnerin zurückgreifen können, müssen sich Gründerinnen neben der Selbständigkeit Gedanken über Haushaltsorganisation und Kinder (z.B. Betreuungsmöglichkeiten) machen.

Tip: Selbständig zu sein hat nicht zur Folge, die Familienplanung ganz in den Hintergrund zu stellen. Es gibt immer Mittel und Wege beides in Einklang zu bringen. Klären Sie im Vorfeld Einsatzbereitschaft und Einstellung Ihres Partners ab.

6.2.4
Mangelndes Eigenkapital und fehlende Sicherheiten

Viele Gründerinnen verfügen über deutlich weniger eigene finanzielle Mittel und Sicherheiten als Männer.

Grund dafür kann, je nach Situation, der erlernte traditionelle Frauenberuf mit geringerem Einkommen sein oder die Stellung als Hausfrau ohne eigenes Einkommen in der Familie. Diese Finanzierungsprobleme lassen sich jedoch durch öffentliche Förderprogramme verkleinern.

Tip: Informieren Sie sich über die Fördermittel von Bund und Ländern.

Trotz den angesprochenen Problemen sei an dieser Stelle bemerkt, daß Frauen bei Existenzgründungen im Schnitt erfolgreicher sind als Männer. Das liegt unter anderem daran, daß Frauen Ihr Vorhaben realistischer angehen und somit zu große Risiken vermeiden. Hinzu kommt nach Urteil von Expertinnen die Tatsache, daß Gründerinnen wettbewerbsrelevante Vorteile realisieren können, wie z.B. sanfte Führungsqualitäten oder partizipative Mitarbeiterführung.

6.3
Erfolgreiche Gründerinnen

Daß Existenzgründerinnen mit sehr guten Fachkenntnissen, Geduld, Überzeugungskraft und realistischen Visionen dieselben Chancen haben, wie männliche Kollegen, haben die portraitierten Gründerinnen vorgemacht.

Catrin Bludszuweit, ASD Advanced Simulation und Design in Rostock:
Wissenschaftlerin und aus den neuen Bundesländern. Damit ist bei vielen schnell Argwohn programmiert. Catrin Bludszuweit hat sich gegen diese Vorurteile jedoch als erfolgreiche Unternehmerin durchgesetzt. Die 33jährige benimmt sich nicht wie eine Firmenchefin und gibt sich zurückhaltend. Kaum einer würde ihr zutrauen, daß sie als Gründerin der ASD mittlerweile weltweiten Ruhm erlangt hat.
Ihre selbstentwickelte Methode zur Computersimulation, mit der sich die Funktionsweise von künstlichen Organen vorhersagen läßt, gilt als Sensation in der Medizintechnik.
Doch der Weg bis zu diesem Erfolg war steinig. Konkurrenten und Kollegen amüsierten sich zunächst, als die Maschinenbauingenieurin zum ersten Mal auf Kongressen um das Wort bat. Sie wurden alle eines besseren belehrt. Catrin Bludszuweit verlor Ihre anfängliche

Zurückhaltung und zeigte, was hinter der Fassade steckte: eine junge Frau, die durchaus zu Risiken bereit ist.

Nach eigenen Angaben könnte sie sich als Angestellte keinesfalls glücklich fühlen. Sie erkannte, daß sie als Unternehmerin den größten Einfluß auf ihre Tätigkeit hat und sich keinen Strukturen und Hierarchien unterzuordnen hat.

Bei einem deutschlandweiten Gründerinnenwettbewerb belegte Catrin Bludszuweit unangefochten den ersten Platz.

Ursula Rösener, Modehäuser in Magdeburg

Die „harten Faktoren", die zu einer erfolgreichen Existenzgründung zählen, hatte Ursula Rösener in der Einstiegsphase im Jahre 1990 wohl bedacht. Planung und Finanzierung des Modegeschäftes standen. Sie hatte sich mit den Spielregeln der Marktwirtschaft im allgemeinen und der Modebranche im besonderen vertraut gemacht. Sie war auf Modemessen, um Geschäftskontakte zu knüpfen.

Doch die „weichen Faktoren" drohten ihr, einen Strich durch die Rechnung zu machen. Ein Vertrauensverhältnis seitens der Lieferanten wollte sich nicht einstellen. Daß der Erfolg eines Einzelhandelsgeschäftes jedoch wesentlich von den Konditionen der Lieferanten abhängt, welche Zahlungsziele eingeräumt werden, wie schnell und zuverlässig neue Ware geliefert wird und ob die Qualität durchgängig stimmt, wußte die Jungunternehmerin schon damals. Lieferanten trauten der gelernten Technischen Zeichnerin, die zu DDR-Zeiten von der Konstruktion von Kurbelwellen und Dieselmotoren zum Textildesign in einer eigenen Siebdruckerei wechselte, den Erfolg nicht zu. Ähnlich enttäuschende Erfahrungen machte Ursula Rösener bei den Banken. Nur durch ständige, offen geführte Gespräche konnte sie die entgegengebrachte Skepsis abbauen.

Heute hat es die Einzelhändlerin geschafft. Aus dem ersten 60 Quadratmeter-Geschäft wurde inzwischen ein zweistöckiges Modehaus plus zwei Filialen.

Nach eigenen Angaben hätte sie ihr Ziel nicht erreicht, wenn sie es nicht täglich geschafft hätte, sich zu motivieren und somit ihren Weg bis zur letzten Konsequenz zu gehen. Ihr Rat: Nie aufgeben!

7 Existenzsicherung

Verfallen Sie nicht der Vorstellung, daß Ihre Existenzgründung mit der Geschäftseröffnung erfolgreich abgeschlossen ist. Sie haben ohne Zweifel bis zu diesem Zeitpunkt viel Zeit und Arbeit investiert. Doch gerade die *ersten Jahre nach der Gründung* stellen noch *hohe Anforderungen* an den Jungunternehmer. Leider unterschätzen dies viele und so verschwinden zahlreiche Jungunternehmer innerhalb der ersten fünf Jahre nach der Gründung wieder vom Markt.

Was aber sind die Gründe für das Scheitern? Die Antwort ausschließlich in der Tatsache zu suchen, daß das Unternehmen finanzielle Schwierigkeiten hat und irgendwann zahlungsunfähig ist, wäre an dieser Stelle nicht ausreichend. In der Regel stehen davor eine Reihe vorgelagerter Probleme, die nicht frühzeitig erkannt werden und letztlich im Ganzen zur Unternehmenskrise führen.

Es ist daher (überlebens-)notwendig, *Probleme* und *Ursachen frühzeitig* zu *erkennen*, sich darauf vorzubereiten und rechtzeitig nach Hilfe und Unterstützung Ausschau zu halten.

7.1
Problemfelder junger Unternehmen

Was Existenzgründer in den ersten Jahren häufig derartige Probleme bereitet, daß die Folgen Insolvenz und Konkurs sind, zeigt eine Umfrage der DtA und des Verbands der Vereine Creditreform e.V. im Jahre 1998 unter Wirtschaftsprüfern, Rechtsanwälten, Konkursrichtern, Unternehmensberatern, Vertretern von Kammern, Verbänden und Banken.

7.1.1
Managementfehler

Die Person des Gründers ist auch nach der Gründung selbst entscheidender Erfolgsgarant. Sein Wissen, sein Können und sein Fleiß beeinflussen die Existenz des Unternehmens in großem Maße. Wichtig ist dabei auch die Fähigkeit, seine eigene Leistungen und die des gesamten Unternehmens richtig einzuschätzen und entsprechend zu handeln. Dazu gehört auch, bevorstehende Krisen rechtzeitig zu erkennen und dagegen vorzugehen. Besonders problematisch erweist sich häufig die Tatsache, daß Jungunternehmer nicht in der Lage sind, ihr Unternehmen dem eigenen Wachstum anzupassen. Sie haben Schwierigkeiten, führenden Mitarbeitern Eigenverantwortung für Bereiche zu übertragen, die sie bis zu diesem Zeitpunkt allein geführt haben. Sie müssen als Unternehmer lernen, Ihren Mitarbeitern die selben Fähigkeiten zuzutrauen, wie sich selber. Sie müssen lernen, Aufgaben und Verantwortungsbereiche zu delegieren, um sich um strategische Belange kümmern zu können, die den Fortbestand des Unternehmens sichern.

7.1.2
Vernachlässigung des Rechnungswesens

Viele Jungunternehmer sind ohne Zweifel „Meister ihres Fachs", weisen jedoch in kaufmännischen und betriebswirtschaftlichen Belangen Mängel auf. Häufig werden Rechnungswesen und Controlling stiefmütterlich behandelt oder im schlimmsten Fall gar nicht durchgeführt. Doch ein gut organisiertes Rechnungswesen und ein darauf aufbauendes Controlling ist für ein erfolgreiches Unternehmen unumgänglich. Mit Hilfe des Rechnungswesens können u.a. Bestände ermittelt (z.B. Ermittlung des Vermögens und der Schulden an einem Stichtag) oder Bestandsveränderungen (z.B. Zu- und Abnahme von Forderungen und Verbindlichkeiten) festgestellt werden. Kurz: Rechnungswesen dient der *Ermittlung und Bereitstellung aller quantifizierbaren Vorgänge* im Unternehmen. Die ermittelten Informationen muß der Jungunternehmer nun für die Zukunft *analysieren und interpretieren*, sprich ein *Controlling* durchführen. Nur so können fundierte Aussagen über die aktuelle Unternehmenssituation getroffen werden, können Erfolgspotentiale ermittelt und gesteuert werden. Ein Auslagern des Rechnungswesens zum Steuerberater ist daher nur in gewissem Maße empfehlenswert.

7.1.3
Zu geringes Eigenkapital

Ein weiteres Problemfeld für Jungunternehmer stellt die oftmals zu geringe Eigenkaptialdecke dar. Nachdem für die eigentliche Gründung das Eigenkapital vorhanden war, wird in vielen Fällen aufgrund falscher Unternehmenspolitik dem Erhalt einer ausreichend vorhandenen Eigenkapitaldecke zu wenig Aufmerksamkeit geschenkt.

Veränderungen im Eigenkapital erfolgen – außer durch das Entstehen von Gewinnen und Verlusten – durch Entnahmen und Einlagen (bei KG spricht man von Kapitalerhöhung und -herabsetzung). Schwierig wird die Situation beispielsweise dann, wenn die Privatentnahmen des Unternehmers zu hoch sind oder wenn Verluste, bedingt durch eine veraltete Produktpalette, durch Eigenkapital ausgeglichen werden. Auch zu hohe Fixkosten und dadurch zu geringe Gewinne können zu einem Mangel an Eigenkapital führen.

Dieser Mangel an Eigenkapital führt letztlich zur Unternehmenskrise, wenn mangelhaftes Liquiditätsmanagement hinzukommt. Denn der betriebliche Umsatzprozeß kann nur dann ohne Unterbrechung ablaufen, wenn es dem Betrieb gelingt, allen seinen Zahlungsverpflichtungen fristgerecht nachzukommen. Das kann einerseits über den Umsatzprozeß selbst, andererseits durch Zuführung liquider Mittel von außen (Eigenkapital oder Fremdkapital) erfolgen.

7.1.4
Schleppende Zahlungsweise der Kunden

Die Umfrage ergab weiterhin, daß nur knapp die Hälfte aller Rechnungen innerhalb von 30 Tagen bezahlt werden. Bei einer schlechten Konjunkturentwicklung läßt die Zahlungsmoral der Kunden zudem noch deutlich nach.

Jede Zahlungsverzögerung verursacht jedoch erhebliche Mehrkosten. Viele Jungunternehmer unterschätzen aber die Größenordnung des zu finanzierenden Umlaufvermögens und verzichten auf ein straffes Mahnwesen. Spricht sich dies in der Branche durch, werden zu allem Überfluß bonitätsschwache Kunden angezogen. Eine „Folgeerscheinung" der schleppenden Zahlungsweise von Kunden kann im schlimmsten Fall sein, daß überhaupt nicht gezahlt wird. Derartige Forderungsausfälle und Ausfälle bedingt durch Kundeninsolvenz, wirken sich bei kleinen und mittleren Unternehmen besonders gravierend aus und führen in vielen Fällen zum eigenen Scheitern. Ist man zudem nur von einem Großkunden abhängig, was bei jungen Existenzen häufig Geschäftspraxis ist, fällt dieser Umstand besonders ins Gewicht.

Achten Sie deshalb auf eine vielfältige Kundenstruktur, prüfen Sie die Bonität potentieller Kunden und praktizieren Sie ein konsequentes Mahnwesen.

7.2
Controlling

Das Controlling ist von hervortretender Bedeutung für den Unternehmenserfolg. Dabei umfaßt das Controlling nicht nur die *Kontrolle*, sondern auch die *Planung* und *Steuerung* der betrieblichen Prozesse. Konsequentes Controlling, aufgebaut auf ein gut organisiertes Rechnungswesen, ermöglicht unter Zuhilfenahme von Kennzahlen kurz- und langfristige Planungen, Korrekturen bei Abweichungen vom Kurs und die Gegensteuerung unliebsamer Entwicklungen. Neben Kennzahlen stehen noch zahlreiche andere Controllinginstrumente zur Verfügung, so beispielsweise die Deckungsbeitragsrechnung und die Break-Even-Analyse. Mit welchen Instrumenten Sie in Ihrem Unternehmen arbeiten, ist Ihre freie Entscheidung, hier gibt es keine Vorschriften oder Regeln.

7.2.1
Kennzahlen

Durch Kennzahlen erfolgt eine konzentrierte Information, indem vorliegende Zahlen so miteinander in Beziehung gesetzt werden (z.B. durch Division), daß eine aussagefähige absolute oder relative Zahl entsteht.

Hinweis: Wenn Sie Kennzahlen erstmalig erstellen, brauchen Sie eine *Vergleichsmöglichkeit* zu anderen Unternehmen Ihrer Art. Für diesen Zweck eignen sich Richtwerte, die meist Branchendurchschnittswerte wiederspiegeln. Die Finanzverwaltung beispielsweise veröffentlicht Richtsatz-Sammlungen, aber auch IHK und HWK sammeln Richtwerte für bestimmte Branchen.

Wichtig: Nur wenn Sie auf Dauer mit Kennzahlen arbeiten, gewinnen Sie ein brauchbares Instrument für Ihr Unternehmen.

Es gibt keine Vorschrift, welche Kennzahlen Sie bilden sollten, da, je nach Unternehmensziel, unterschiedliche Kennzahlen von Bedeutung sind. Im folgenden werden einige gängige Kennzahlen erläutert.

Eigenkapitalanteil
Der Eigenkapitalanteil berechnet sich wie folgt:

$$\text{Eigenkapitalanteil} = \frac{\text{Eigenkapital}}{\text{Gesamtkapital}} \times 100$$

Diese Kennzahl gibt Auskunft über die relative Höhe des Eigenkapitals bzw. die finanzielle Abhängigkeit von Gläubigern.

Finanzierungsverhältnis
Das Finanzierungsverhältnis läßt sich wie folgt bestimmen:

$$\text{Finanzierungsverhältnis} = \frac{\text{Eigenkapital}}{\text{Fremdkapital}} \times 100$$

Diese Kennzahl gibt Auskunft über das Verhältnis von Eigenkapital zu Fremdkapital.

Verschuldungsgrad
Den Verschuldungsgrad können Sie wie folgt berechnen:

$$\text{Verschuldungsgrad} = \frac{\text{Fremdkapital}}{\text{Eigenkapital}} \times 100$$

Diese Kennzahl gibt Auskunft, wie hoch die Verschuldung ist, also wieviel Prozent Schulden auf eine Mark Eigenkapital entfallen.
Beispiel: Bei einem Fremdkapital von 70.000 DM und einem Eigenkapital von 30.000 DM ergibt sich ein Verschuldungsgrad von 233,3%, das heißt, daß auf eine Mark Eigenkapital 2,33 DM Schulden entfallen.

Cash-Flow
Der Cash-Flow läßt sich wie folgt bestimmen:

Jahresüberschuß
+ alle nicht auszahlungswirksamen Aufwendungen
./.alle nicht einzahlungswirksamen Erträge
= Cash-Flow

Diese Kennzahl gibt Auskunft, wieviel Mittel dem Unternehmen aus dem Umsatzprozeß zugeflossen sind. Sie errechnet sich aus dem Periodengewinn, vermehrt um die Aufwendungen, denen keine Auszahlungen gegenüberstehen, und vermindert um die Erträge, denen keine Einzahlungen gegenüberstehen. In vereinfachter Form wird als Cash-Flow auch die Summe aus Periodengewinn, Abschreibungen und Rückstellungszuführungen der Periode bezeichnet.

Liquidität
Man unterscheidet in diesem Zusammenhang zwischen *kurzfristiger* und *langfristiger* Liquidität.

Die kurzfristige Liquidität läßt sich in den folgenden drei Stufen bestimmen:

(1) Liquidität ersten Grades $= \dfrac{\text{Zahlungsmittel}}{\text{kurzfristige Verbindlichkeiten}} \times 100$

(2) Liquidität zweiten Grades $= \dfrac{\text{Zahlungsmittel} + \text{kurzfristige Forderungen}}{\text{kurzfristige Verbindlichkeiten}} \times 100$

(3) Liquidität dritten Grades $= \dfrac{\text{Zahlungsmittel} + \text{kurzfristige Forderungen} + \text{Vorräte}}{\text{kurzfristige Verbindlichkeiten}} \times 100$

Die Kennzahlen geben Auskunft, über die Zahlungsfähigkeit des Betriebes, d.h. ob und inwieweit die kurzfristigen Verbindlichkeiten in ihrer Höhe und Fälligkeit mit den Zahlungsmittelbeständen und anderen kurzfristigen Deckungsmitteln übereinstimmen.

Grad 1 (1) wird auch als *Barliquidität*, Grad 2 (2) als *Liquidität auf kurze Sicht* und Grad 3 (3) als *Liquidität auf mittlere Sicht* bezeichnet.

Die langfristige Liquidität hingegen läßt sich wie folgt bestimmen:

(1) Deckungsgrad A $= \dfrac{\text{Eigenkapital}}{\text{Anlagevermögen}} \times 100$

(2) Deckungsgrad B $= \dfrac{\text{Eigenkapital} + \text{langfr. Fremdkapital}}{\text{Anlagevermögen}} \times 100$

$$(3)\ \text{Deckungsgrad C} \quad = \frac{\text{Eigenkapital} + \text{langfr. Fremdkapital}}{\text{Anlagevermögen} + \text{Umlaufvermögen}} \times 100$$

7.2.2
Deckungsbeitragsrechnung

Kalkuliert man im Unternehmen auf Vollkostenbasis, hat man den Nachteil, daß die fixen Kosten willkürlich auf die Leistungsträger zugeordnet werden, obwohl kein Zusammenhang zwischen den fixen Kosten, der Betriebsbereitschaft und den Leistungen besteht. Um dies zu vermeiden, wird eine *Teilkostenrechnung* gewählt, in der zwischen *variablen* (von der Leistung abhängig) und *fixen Kosten* (von der Leistung unabhängig) unterschieden wird. Eine einfache und aussagefähige Teilkostenrechnung ist die *Deckungsbeitragsrechnung*, die ein weiteres Controlling-Instrument im Unternehmen darstellt. Mit ihrer Hilfe kann ermittelt werden, welchen Beitrag ein Produkt zur Deckung der fixen Kosten leistet.

> Verkaufserlöse
> ./.variable Kosten
> = Deckungsbeitrag
> ./.fixe Kosten
> = Gewinn/Verlust

Solange der Verkaufserlös über den variablen Kosten liegt, wird zumindest ein Teil der Fixkosten gedeckt, d.h. solange liefert auch ein Verlustprodukt einen Beitrag zur Deckung der fixen Kosten. Folgendes Beispiel soll die „Funktionsweise" der Deckungsbeitragsrechnung verdeutlichen.

Fallbeispiel. Ein Unternehmen fertigt die Produkte A und B. Die Umsatzerlöse beim Produkt A betragen 50.000 DM, bei variablen Kosten in Höhe von 30.000 DM. Die Umsatzerlöse beim Produkt B betragen 30.000 DM, bei variablen Kosten in Höhe von 28.000 DM. Die Fixkosten betragen 17.000 DM. Mit Hilfe der Deckungsbeitragsrechnung soll festgestellt werden, inwieweit die einzelnen Produkte zur Deckung der Fixkosten und inwieweit sie zur Gewinnerzielung beitragen.

	Produkt A	Produkt B	*Gesamt*
Umsatz	50.000 DM	30.000 DM	80.000 DM
./. Variable Kosten	30.000 DM	28.000 DM	58.000 DM
= Deckungsbeitrag	20.000 DM	2.000 DM	22.000 DM
./. Fixe Kosten			17.000 DM
= Gewinn/Verlust			5.000 DM

Wenn das Unternehmen entschiedet, das Produkt B aufgrund des im Vergleich zu Produkt A niedrigen Deckungsbeitrag, nicht mehr zu produzieren, dann stellt sich die Situation folgendermaßen dar:

	Produkt A	*Gesamt*
Umsatz	50.000 DM	50.000 DM
./. Variable Kosten	30.000 DM	30.000 DM
= Deckungsbeitrag	20.000 DM	20.000 DM
./. Fixe Kosten		17.000 DM
= Gewinn/Verlust		3.000 DM

Man erkennt, daß der Gewinn um die 2.000 DM Deckungsbeitrag des Produkts B geschmälert wird, da dieser Deckungsbeitrag jetzt zur Deckung der fixen Kosten nicht mehr zur Verfügung steht.

In der bisher behandelten Deckungsbeitragsrechnung, auch als einstufige Deckungsbeitragsrechnung bezeichnet, werden sämtliche Fixkosten en bloc den Deckungsbeiträgen der betreffenden Periode gegenübergestellt. Im Gegensatz dazu versucht die stufenweise Fixkostendeckungsrechnung, den Fixkostenblock aufzuspalten und Teile der Fixkosten zwar nicht einzelnen Kostenträgern, wohl aber einer Produktgruppe, einer Kostenstelle oder einem ganzen Unternehmensbereich zuzuordnen. Diese Rechnung ergibt einen besseren Einblick in die Erfolgsstruktur des Unternehmens, ist jedoch aufwendiger. Wie Sie mit der Fixkostendeckungsrechnung arbeiten, entnehmen Sie daher bitte entsprechender Fachliteratur.

7.2.3
Break-Even-Analyse

Neben Kennzahlen und Deckungsbeitragsrechnung gibt es noch ein weiteres, sehr hilfreiches Controlling-Instrument: Die Break-Even-Analyse. Mit ihrer Hilfe kann man im Unternehmen den Punkt ermitteln, bei dem Umsatz und Kosten gleich groß sind. Diesen Punkt bezeichnet man auch als *Gewinnschwelle* oder *Break-Even-Punkt.*
    Dieser Sachverhalt kann zum besseren Verständnis in ein Diagramm übertragen werden (Abb. 6).

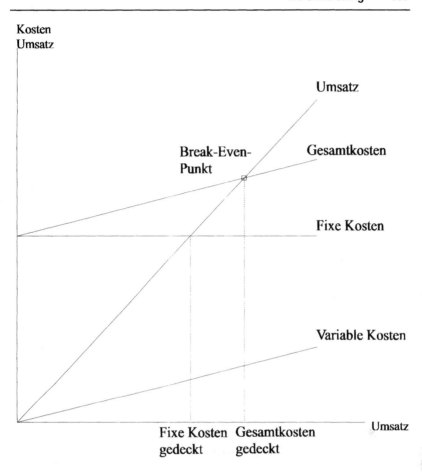

Abb. 6 Break-Even-Diagramm

In der grafischen Darstellung werden in der senkrechten Achse die Umsätze und Kosten aufgetragen und in der waagrechten Achse produktspezifische Kennzahlen, meist Umsatz oder Stückzahlen. Voraussetzung: Die Gesamtkosten können in variable und fixe Kostenanteile aufgeteilt werden.

Der Schnittpunkt der Umsatz- und Gesamkostengeraden ergibt den Break-Even-Punkt. Hier sind Umsatz und Gesamtkosten gleich groß, d.h. die Gesamtkosten sind mit dem erzielten Umsatz gedeckt. Vor diesem Punkt, also bei geringeren Umsätzen und höheren Gesamtkosten, entsteht *Verlust*. Nach diesem Punkt, wenn die Umsätze höher sind als die Gesamtkosten, erwirtschaftet das Unternehmen

Gewinn. Der Break-Even-Punkt ist also jener Punkt, an dem das Unternehmen die Verlustzone verläßt und in die Gewinnzone kommt. Rechnerisch kann die zur Kostendeckung erforderliche Absatzmenge folgendermaßen berechnet werden:

$$\text{Break - Even - Menge} = \frac{\text{Fixe Kosten}}{\text{Verkaufspreis} - \text{variable Stückkosten}}$$

Den Deckungsbeitrag können Sie aus dem Diagramm ebenfalls ablesen. Er ist die Fläche zwischen der Umsatzgeraden und der Geraden, die die variablen Kosten beschreibt.

7.3
Forderungsmanagement

Daß gerade Jungunternehmer durch mangelnde Zahlungsmoral ihrer Kunden gefährdet sind, ist allgemein bekannt. Aus diesem Grund ist ein straff organisiertes Forderungsmanagement noch nie so wichtig gewesen wie heute. Dabei müssen Sie einige Grundsätze beachten.

7.3.1
Bonitätsprüfung

Es empfiehlt sich, eine regelmäßige Bonitätsprüfung der Kunden durchzuführen, um dadurch Kenntnisse über die Zahlungsfähigkeit und das Zahlungsverhalten zu erhalten. Hierzu stehen Ihnen interne und externe Informationsquellen zur Verfügung, die in der Checkliste „Bonitätsprüfung des Kunden" (Checkliste 39) aufgeführt sind.

Checkliste 39 Bonitätsprüfung des Kunden [Quelle: Starthilfe (1998). BMWi]

Interne Informationsquellen	
Rechnungswesen	
Welches Zahlungsziel nimmt der Kunde in Anspruch?	....
Überschreitet er das Zahlungsziel?	....

Checkliste 39 (Fortsetzung)

Stellt der Kunde Antrag auf Zielverlängerung?	....
Waren oder sind Inkassomaßnahmen (Mahnung, gerichtlicher Mahnbescheid etc.) notwendig?	....
Verkauf	
Hat der Kunde einen hohen Lagerbestand?	....
Sind seine Maschinen in einem schlechten Zustand?	....
Hat der Kunde nicht ausgelastete Kapazitäten?	....
Verfügt er über eine schmale Angebotspalette?	....
Haben seine Produkte ein schlechtes Image?	....
Gibt der Kunde erhöhte Rabatte, Nachlässe oder Sonderangebote?	....
Hat der Kunde selbst wenig Kunden?	....
Externe Informationsquellen	
Wirtschaftsauskünfte z.B. über Haftungslage, Eigenkapitalausstattung, Auftragslage, Bilanzdaten, Zahlungsweise etc.	....
Bankenauskünfte über Auftragslage, Überziehungen; nur über juristische Personen und im Handelsregister eingetragene Kaufleute bei der Hausbank.	....
SCHUFA-Auskünfte über Zahlungsfähigkeit oder Zahlungsunwilligkeit, Mahnbescheide, Vollstreckungsbescheide etc.; nur an Vertragspartner der Schutzgemeinschaft für Allgemeine Kreditsicherung.	....

Bei Kunden, die bereits eine Haftanordnung, eine eidesstattliche Erklärung, Konkurs oder Vergleich aufweisen, ist besondere Vorsicht geboten. Im allgemeinen können die Forderungen gegen solche Kunden weder versichert noch einem Factor zum Einzug angeboten werden. Wollen Sie dennoch mit diesem Kunden Geschäfte machen, vereinbaren Sie Barzahlung bei Übergabe Ihrer Leistung.

7.3.2
Vertragsgestaltung

Achten Sie darauf, daß Sie in den Verträgen mit Ihren Kunden eindeutig regeln, wann Zahlungen fällig sind. Das gilt auch für eventuell verspätete Zahlungen. Bei der Einräumung von Zahlungszielen sollten Sie dem Kunden jedoch auch Anreize bieten, möglichst rasch zu zahlen (z.B. Skonto).

7.3.3
Rechnungsstellung

Zögern Sie nicht, sofort nach Warenlieferung bzw. Auftragserledigung Ihre Rechnung zu stellen.

Achten Sie jedoch genau darauf, daß die erbrachten Leistungen und die vereinbarten Preise korrekt aufgeführt sind. Denn jeder Fehler, der Ihnen dabei unterläuft, jede Ungenauigkeit kann von den Kunden dazu genutzt werden, die Rechnungszahlung hinauszuzögern oder zu verweigern. Kontrollieren Sie den Eingang des Rechnungsbetrags am besten durch Legen einer „Wiedervorlage".

7.3.4
Zahlungserinnerung

Falls die Rechnung zu dem vereinbarten Datum nicht beglichen wurde, schicken Sie nicht sofort eine Mahnung an den Kunden, sondern ein freundliches Erinnerungsschreiben. Prüfen Sie jedoch im Vorfeld, ob der Fehler nicht vielleicht in Ihrem eigenen Hause liegt, z.B. Buchungsfehler, unvollständige Lieferung, fehlerhafte Lieferung.

7.3.5
Mahnung

Wenn der Kunde auf das Erinnerungsschreiben nicht reagiert, so müssen Sie die erste Mahnung verschicken. Nehmen Sie dabei auf jeden Fall Bezug darauf, warum es zu diesem Mahnschreiben gekommen ist, z.B. „Laut Vertrag ist die Zahlung bis zum Tag X vereinbart" und halten Sie fest, bis wann die überfällige Zahlung erfolgen muß.

Bleibt auch die erste Mahnung ohne Erfolg, so verfassen Sie die zweite Mahnung mit denselben Kriterien, weisen Sie jedoch zusätzlich auf Konsequenzen hin.

7.3.6
Letzte Instanz

Wenn der Kunde selbst nach der zweiten Mahnung noch nicht zahlt, müssen Sie über das weitere Vorgehen entscheiden. Entweder erwirken Sie einen gerichtlichen Mahnbescheid oder Sie geben den Fall nach außen an ein Inkassounternehmen. Für den Fall, daß Sie ein Inkassounternehmen hinzuziehen, hat in der Regel der Schuldner die entstehenden Kosten zu ersetzen. Bereits dieser Sachverhalt bewegt in manchen Fällen den Schuldner zu einer raschen Begleichung der Forderungen. Auf jeden Fall sollten Sie die Bereiche Ihres Unternehmens, die betroffen sind (Außendienst, Verkauf), von der Situation in Kenntnis setzen und eventuell einen Lieferstop bzw. Lieferung nur noch gegen Vorkasse einleiten.

Viele Unternehmen gehen mittlerweile dazu über, die Bearbeitung der gesamten Außenstände an Dritte zu übertragen. Bei dem sogenannten Factoring tritt das Unternehmen seine Forderungen an ein anderes Unternehmen, dem Factor, ab. Dieser Factor muß dann seinerseits alle Außenstände beim Schuldner eintreiben. Ob ein Factor an einer Übernahme Ihrer Forderungen interessiert ist, hängt von Ihrem Jahresumsatz (mindestens zwei Millionen Mark), Ihrem mit dem Kunden vereinbarten Zahlungsziel (höchstens 30 bis 90 Tage) und den durchschnittlichen Rechnungsbeträgen (mindestens 500 DM) ab. Informationen zu Kosten und Risiken der einzelnen Factoring-Institute erhalten Sie vom Deutschen Factoring Verband e.V., dessen Adresse Sie dem Anhang entnehmen können.

7.4
Früherkennung

Ein weiterer wichtiger Aspekt der Existenzsicherung stellt die Früherkennung von internen und externen Veränderungen dar.

Um die Bedeutung der Früherkennung deutlich zu machen, betrachten wir einmal den menschlichen Organismus: Je früher lebensgefährliche Krankheiten (z.B. Krebs) erkannt werden, desto größer sind die Heilungschancen; ähnlich verhält es sich mit Ihrem Unternehmen. Erkennen Sie rechtzeitig Veränderungen, haben Sie genügend Zeit auf diese Veränderungen zu reagieren und Ihr Unternehmen entsprechend auszurichten.

Leider gibt es kein Patentrezept, wie und mit welchen Mitteln Früherkennung am effektivsten im Unternehmen umgesetzt werden kann. Jeder einzelne muß sich, seiner Arbeitsweise und seiner Unternehmung entsprechend, ein *unternehmensinternes Frühwarnsystem* entwickeln. Als Grundlage eignet sich jedoch Ihr Unternehmenskonzept. Denn als Sie Ihre Existenzgründung planten, haben Sie in Ihrem Konzept das Geschäftsvorhaben und die entsprechenden Maßnahmen schriftlich fixiert. Stellen Sie nun einen Soll-/Istvergleich an, können Sie überprüfen, inwieweit das Konzept umgesetzt worden ist und an welchen Stellen Korrekturen erforderlich sind. Wie ein solcher Soll-/Istvergleich aussehen kann, zeigt die Checkliste „Soll-/Istvergleich Unternehmenskonzept" (Checkliste 40).

Checkliste 40 Soll-/Istvergleich Unternehmenskonzept

Produkt/Leistung		
Ist Ihre Produkteinführung erfolgreich verlaufen?	❏ Ja	❏ Nein
Stimmt Ihr Produkt?	❏ Ja	❏ Nein
Stimmt die Sortimentsgestaltung?	❏ Ja	❏ Nein
Haben Sie neue Produkte und/oder Dienstleistungen?	❏ Ja	❏ Nein
Haben sie neue Geschäftsideen?	❏ Ja	❏ Nein
Marketing		
Erreichen Sie Ihre Zielmärkte?	❏ Ja	❏ Nein

Checkliste 40 (Fortsetzung)

Steigt Ihr unternehmerischer Bekanntheitsgrad?	☐ Ja	☐ Nein
Sind die eingesetzten Werbemittel effektiv?	☐ Ja	☐ Nein
Absatz/Vertrieb Ist die von Ihnen gewählte Vertriebsform die richtige?	☐ Ja	☐ Nein
Stimmt Ihre Marktposition?	☐ Ja	☐ Nein
War Ihre Markteinschätzung richtig?	☐ Ja	☐ Nein
Haben Sie genug neue Kunden gewonnen?	☐ Ja	☐ Nein
Hat es Veränderungen in der Nachfrage gegeben?	☐ Ja	☐ Nein
Hat sich die Konkurrenzsituation geändert?	☐ Ja	☐ Nein
Erzielen Sie den benötigten Umsatz?	☐ Ja	☐ Nein
Finanzen Ist Ihr Betriebsergebnis gut?	☐ Ja	☐ Nein
Haben Sie Ihre Kosten im Griff?	☐ Ja	☐ Nein
Haben Sie einen Liquiditätsspielraum?	☐ Ja	☐ Nein

Checkliste 40 (Fortsetzung)

Gibt Ihnen die Bank noch Geld?	❒ Ja	❒ Nein

Umternehmensorganisation		
Ist Ihre Organisation noch die richtige?	❒ Ja	❒ Nein

Technik/Technologie		
Gibt es neue technische Entwicklungen in Ihrer Branche?	❒ Ja	❒ Nein
Sind Sie mit den vorhandenen Technologien produktiv?	❒ Ja	❒ Nein

Personal		
Haben Sie qualifizierte und motivierte Mitarbeiter?	❒ Ja	❒ Nein
Bringen Ihre Mitarbeiter die gewünschte Leistung?	❒ Ja	❒ Nein
Ist Ihre Personalstruktur Ihrem Unternehmen angepaßt?	❒ Ja	❒ Nein
Haben Sie ein gutes Betriebsklima?	❒ Ja	❒ Nein

Unternehmensführung		
Ist Ihre Unternehmensführung richtig?	❒ Ja	❒ Nein
Bilden Sie mit Ihren Mitarbeitern ein Team?	❒ Ja	❒ Nein

Ihr Unternehmenskonzept kann Ihnen Grundstein für die Früherkennung sein. Früherkennung macht jedoch nur dann Sinn, wenn sie regelmäßig angewendet wird und wenn Sie neue Ziele und Strategien festlegen. Je öfter Sie sich mit dem Thema Früherkennung auseinandersetzen bzw. je weiter Sie Ihre Früherkennung ausbauen, desto eher können Sie vorbeugende Maßnahmen ergreifen.

Haben Sie Abweichungen und Veränderungen erkannt und neue Informationen gesammelt, müssen Sie diese verarbeiten und bewerten. Sie müssen sich die Konsequenzen und Möglichkeiten, die sich in der Zukunft ergeben, überlegen und entsprechend handeln.

7.5
Krisenmanagement

Jeder, auch jeder Jungunternehmer macht Fehler. Problematisch wird des jedoch, wenn die Existenz des Unternehmens gefährdet ist. Unternehmerische Fehler können sich beispielsweise dann zur Krise entwickeln, wenn die Zahlungsfähigkeit gefährdet ist, wenn Überschuldung droht oder wenn das Unternehmen von veränderten Marktgegebenheiten überrascht wird und nicht mehr reagieren kann.

Sollten Sie sich jedoch in der Situation befinden, daß sich eine Unternehmenskrise abzeichnet, die kurzfristig und anhaltend nicht korrigiert werden kann so müssen sie schnell und bestimmt handeln: Sie müssen Ihr *Unternehmen sanieren*. Die Checkliste „Sanierungsleitfaden" (Checkliste 41) kann Ihnen in diesem Zusammenhang Anhaltspunkte für eine Unternehmenssanierung geben.

Checkliste 41 Sanierungsleitfaden [Quelle: Starthilfe (1998). BMWi]

1. Situation analysieren		
Liegen die existentiellen Probleme im Bereich...		
...der Vermögens- und Kapitalstruktur?	❐ Ja	❐ Nein
...des gesamten oder in Teilen des Kostenapparates?	❐ Ja	❐ Nein

Checkliste 41 (Fortsetzung)

...der Produkte und/oder Märkte?	❐ Ja	❐ Nein
...des Marketings/Vertriebs?	❐ Ja	❐ Nein
...des Führungspersonals?	❐ Ja	❐ Nein
...der Produkte und/oder Märkte?	❐ Ja	❐ Nein

Kernfragen:		
Sind die entsprechenden Produkte heute noch so gefragt wie früher?	❐ Ja	❐ Nein
Sind Sie als Unternehmer heute noch so erfolgreich im Vertrieb, wie Sie es mal waren?	❐ Ja	❐ Nein
Haben Sie einen Vertrieb aufgebaut?	❐ Ja	❐ Nein

2. Mögliche Sofortmaßnahmen

Mit diesen Sofortmaßnahmen schaffen Sie sich erst einmal Zeit

Bareinlage	❐
Verkauf von nicht betriebsnotwendigen Vermögensteilen	❐
Bestands-Sonderverkauf	❐
Massives Einholen von Forderungen, Übergabe an Inkassounternehmen	❐
Verkauf und dann Leasing von Objekten (Sale and lease back)	❐

3. Zieldefinitionen

Kurzfristige Ziele, die in erster Linie der Liquiditätsverbesserung dienen

Einigung mit Kreditinstituten zum „Stillhalten"	❐

Checkliste 41 (Fortsetzung)

Profi im Rechnungswesen suchen und einstellen	❐
Ruhigstellung großer Lieferanten	❐
Beantragung von Liquiditätsdarlehen	❐
Verhandlungen mit Factoring-Instituten	❐
Kontokorrentkredite in langfristige Darlehen umwandeln	❐
Förderungen beantragen (DtA, KfW)	❐
Zinsverhandlungen	❐
Kreditumfänge erhöhen	❐
Mittelfristige Ziele, die in erster Linie der Stabilisierung dienen	
Straffung der Organisation	❐
Buchführung im Unternehmen selbst durchführen	❐
Verminderung der Arbeitskosten (Dienstwagen, Werkskantine)	❐
Einführung einer leistungsbezogenen Vergütung	❐
Aufbau eines effizienten Mahnwesens	❐
Einkaufsverhalten verbessern	❐
Fremdleistungen intensivieren bzw. abbauen	❐
Optimierung der Bestände	❐
Investitionsentscheidungen zur Kostensenkung fällen	❐
Langfristige Ziele, die der langfristigen Stärkung dienen	
Veränderungen der Firmen-, Gruppenstruktur	❐
Standortverlagerungen, -zusammenlegungen	❐
Make or buy-Entscheidung treffen (selbst produzieren oder zukaufen)	❐

Checkliste 41 (Fortsetzung)

Einführung neuer Produktionstechnologien	❐
Neue Produkte, Programme, Sortimente	❐
Veränderte Märkte, Marktpotentiale	❐

4. Umsetzung

Legen Sie fest...

...was zur Erreichung eines Ziels konkret gemacht werden soll.

...wer es machen soll.

...wann er anfangen soll.

...wann es beendet sein soll.

Die Umsetzung des Maßnahmenplans muß koordiniert und über-wacht werden. Sie müssen sich darüber im klaren sein, daß Sanie-rung Chefsache ist. Nur durch vorbildliches Verhalten der Füh-rungsebene kann gewährleistet werden, daß Ihre Mitarbeiter und auch Ihre Kunden Veränderungen und Sparpläne akzeptieren und Sie unterstützen.

Hinweis: Zögern Sie nicht aus falschem Stolz, Hilfe von außen hinzuzuziehen. Durch die Unterstützung von Dritten ist gewährlei-stet, daß die Situation objektiv analysiert und beurteilt wird.

8 Neue Wege

Globale Märkte, neue Informations- und Kommunikationstechnologien, *Telearbeit* und *virtuelle Unternehmen* – das sind Bausteine auf dem Weg zu den Unternehmens- und Arbeitswelten von morgen. Dabei hat die Realität der Arbeitswelt von morgen bereits begonnen und Telearbeit ist ein wesentlicher Bestandteil davon.

Dieses Kapitel wendet sich an alle, die mehr über Telearbeit und virtuelle Unternehmen wissen wollen: An angehende Selbständige, die darin eine individuelle und zukunftsträchtige Arbeitsform sehen, an Jungunternehmer, die über neue Beschäftigungsformen von Arbeitnehmern nachdenken, aber auch an Menschen, die nicht sicher sind, ob die berufliche Selbständigkeit das richtige für sie ist, jedoch mit ihrem bisherigen Angestelltendasein nicht zufrieden sind.

8.1
Telearbeit und virtuelle Unternehmen

Telearbeit ist heute ein Begriff, der immer öfter in den Massenmedien auftaucht, Thema von Kongressen ist und worüber Fachleute aus allen Bereichen lebhafte Diskussionen führen.

Telearbeit gehört also ohne Zweifel zu den Arbeitsformen der Zukunft. Doch was verbirgt sich hinter diesem Schlagwort? Telearbeit besagt, daß der Angestellte oder Selbständige lediglich durch eine Tele-Verbindung mit seinem Chef oder Auftraggeber verbunden ist. Das gewohnte Denkschema, daß der Mensch dort hin fährt, wo es Arbeit gibt, wird revolutioniert, denn mit Hilfe der Telearbeit wird der Mensch nicht mehr zu seiner Arbeit transportiert, sondern die Arbeit zu ihm. Dabei können verschiedene Möglichkeiten der Telearbeit realisiert werden, die im folgenden kurz dargestellt werden.

Reine Telearbeit
Bei dieser Form ist der Mitarbeiter während seiner gesamten Arbeitszeit von zu Hause aus oder von einem anderen Ort tätig. Er ver-

fügt nicht mehr über einen Schreibtisch im Unternehmen, ist jedoch nach wie vor bei dem Unternehmen angestellt. Die gesamte Arbeitsleistung wird also außerhalb des Unternehmens erstellt und das Arbeitsergebnis mittels Datenleitung übermittelt.

Anwendung findet diese Art der Telearbeit bei reinen Verarbeitungsvorgängen, für die nicht unbedingt Kenntnisse der innerbetrieblichen Strukturen oder bestimmte Branchenkenntnisse nötig sind (z.B. Übersetzungsaufgaben). Diese Form der Telearbeit wird von Firmen und Arbeitnehmern jedoch sehr kritisch betrachtet, da der persönliche Kontakt und das soziale Netz fast vollständig fehlen. Trotzdem bietet dieses Arbeitsmodell vor allen Dingen erziehenden Müttern und körperlich Behinderten die Chance, Beruf und Privatleben besser zu vereinbaren. Hand in Hand geht damit aber auch die Tatsache, daß die Karrierechancen schlechter sind.

Alternierende Telearbeit
Diese Form der Telearbeit wird am häufigsten eingesetzt, oft auch unbewußt. Der Mitarbeiter hat nach wie vor einen Arbeitsplatz im Unternehmen, der jedoch von mehreren Telearbeitern geteilt wird. Dadurch bietet sich dem Unternehmen die Möglichkeit, Büroflächen zu reduzieren und somit Kosten zu sparen. Ihr großer Vorteil liegt jedoch sowohl für den Arbeitnehmer als auch für den Arbeitgeber in der flexiblen Kombination von Arbeitszeit im Büro und Arbeitszeit zu Hause. Aber auch der Aspekt, daß der persönliche Kontakt bestehen bleibt, ist in diesem Zusammenhang von großer Bedeutung.

Der Trend zu alternierender Telearbeit beschränkt sich dabei nicht nur auf den Arbeitnehmer. Auch vielbeschäftigte Firmenchefs, die ihre Familie kaum sehen, weil sie die meiste Zeit im Büro verbringen, nutzen diese Arbeitsform immer häufiger.

Satelliten- oder Nachbarschaftsbüros
Bei dieser Form der Telearbeit finden sich Telearbeiter eines oder mehrerer Unternehmen in einem Nachbarschaftsbüro zusammen, das sich in der Nähe der Wohnorte der Telearbeiter befindet. Das besondere Merkmal der Satellitenbüros besteht darin, daß sie sehr weit von der Unternehmenszentrale entfernt sein können.

Es gibt für Unternehmen mehrere Gründe, Satellitenbüros einzurichten. Wenn die Immobilienpreise am Standort des Mutterunternehmens sehr hoch sind oder der Stammsitz aus anderen Gründen nicht erweitert werden kann, ist ein Neubau samt Technologie oft die günstigere und bessere Alternative. Auch hohe Lohnkosten am Standort des Mutterunternehmens bewegen dazu, Satellitenbüros in anderen Gebieten einzurichten. Mit einem Satellitenbüro bietet sich dem Unternehmen aber auch die Chance, gut ausgebildetes Fachpersonal in der Firma zu halten, wenn etwa aus familiären Gründen der Wunsch nach einem Umzug besteht.

Viele Firmen kritisieren jedoch an Nachbarschaftsbüros, in denen sich mehrere Unternehmen einfinden, die mangelnde Datensicherheit. Auch haben in Deutschland ansässige Nachbarschaftsbüros vielfach Schwierigkeiten, da die Akzeptanz der Unternehmen für diese Arbeitsform noch nicht ausreichend ist.

Virtuelle Unternehmen
Bei dieser Form löst sich das physische Gebilde der Firma weitgehend auf. Ort und Zeit werden für diese Unternehmen neu definiert.

Virtuelle Unternehmen, auch Virtual Corporations genannt, entstehen, wenn sich verschiedene (freie) Mitarbeiter für ein spezielles Projekt zusammenfinden. Es gibt also keinen festen Mitarbeiterstamm mehr. Dadurch bietet sich die Möglichkeit, die benötigten Fachkompetenzen projektspezifisch zusammenzustellen. Dabei ist es nicht von Bedeutung, an welchem Ort der Welt sich der jeweilige Mitarbeiter befindet, da über Datenleitungen miteinander kommuniziert und gearbeitet wird. Die Tendenz zu virtuellen Unternehmen wird v.a. von wirtschaftlichen Anforderungen vorangetrieben, die die Firmen zu Flexibilität und Schnelligkeit zwingen.

Ein wichtiger Punkt für die funktionierende Zusammenarbeit in virtuellen Unternehmen sind gegenseitiges Vertrauen und Zuverlässigkeit. Denn im Gegensatz zu „konventionellen Unternehmen" erfolgt eine Kontrolle der Arbeitsleistung oft nur durch die Erreichung der Zielvereinbarung.

Diese junge Form der Unternehmensführung bietet eine interessante Möglichkeit, ohne festen Mitarbeiterstab und damit verbundenen Fixkosten, die Vorteile der neuen Kommunikationstechnologien zu nutzen und flexibel auf Bedürfnisse des Marktes zu reagieren.

Mobile Telearbeit
Wenn Mobilität aus beruflichen Gründen notwendig ist, gleichzeitig aber auch auf zentral gespeicherte Informationen, wie Kunden- und Firmendaten, zugegriffen werden muß, findet die mobile Telearbeit ihren Einsatz. Sie ist beispielsweise für Außendienstmitarbeiter geeignet, die mit ihrem Notebook zum Kunden reisen, ihre Arbeit zu Hause fertigstellen und an einem der nächsten Tage an ihren Arbeitsplatz im Büro zurückkehren. Aber auch für Arbeitskräfte aus

dem Servicebereich (z.B. Techniker für den Kundendienst) oder aus
dem Beratungsbereich ist diese Arbeitsform sehr gut geeignet.

8.2
Zukunft Telearbeit

Telearbeit bietet für Unternehmen, Mitarbeiter und Selbständige
enorme *Chancen* und *Potentiale*. Dabei greifen die Vorteile, die die
Telearbeit den einzelnen Bereichen bietet ineinander und beeinflussen sich gegenseitig.

Aus Sicht des Unternehmens
Ein Unternehmen beispielsweise, das Telearbeit aktiv einsetzt, profi-
tiert in vieler Hinsicht. Durch Telearbeit ist ein Betrieb in der Lage,
seine Produktivität und Effektivität zu steigern, da die Mitarbeiter die
Arbeitseinteilung nach ihrem eigenen Rhythmus selbständig vor-
nehmen. Die selbständig arbeitenden Angestellten bilden gleichzeitig
die Basis dafür, daß Unternehmen schneller und flexibler auf die
Anforderungen der Kunden und des Marktes reagieren können, denn
durch das vom Management entgegengebrachte Vertrauen in ihre
Tätigkeit und ihre Person beginnt die Flexibilität und Schnelligkeit in
den Köpfen der Mitarbeiter. Nicht zu vergessen ist die damit verbundene Erhöhung der Motivation der Mitarbeiter, die zunehmend zu
einem entscheidenden Faktor in einem Unternehmen wird.
   Ein weiterer Grund für den Einsatz von Telearbeit stellt für viele
Unternehmen die Tatsache dar, daß sie eine Möglichkeit bietet,
Raumkosten einzusparen.
   Weiterhin kann ein Unternehmen durch die Einführung der neuen
Arbeitsweise im Unternehmen an Ansehen gewinnen, da es dadurch
zeiget, daß es die Fähigkeiten für innovatives Denken besitzt und
sich Gedanken über die Wünsche seiner Mitarbeiter macht.

Aus Sicht des Mitarbeiters
Mit Hilfe der Telearbeit werden immer mehr Menschen ihre Arbeit
(teilweise) von zu Hause aus nachgehen können und haben dadurch
die Möglichkeit, Beruf und Familie in Einklang zu bringen. Dabei
steht nicht nur die Zeit zur Verfügung, die sonst für den Weg ins
Büro benötigt wird, auch Pausen können den individuellen Gegebenheiten entsprechend gestaltet werden. Die durch Telearbeit mögliche
Flexibilität, auf die Bedürfnisse der Familie reagieren zu können,
sehen deshalb viele Arbeitnehmer als einen der größten Vorteile.

Viele Menschen schätzen an dieser Arbeitsform auch die Möglichkeit, ihren Arbeitsplatz so zu gestalten, daß sie sich wohl fühlen und sich eine Atmosphäre zu schaffen, die ihre Kreativität unterstützt.

Aus Sicht des Selbständigen
Telearbeit stellt eine zukunftsträchtige Alternative der Selbständigkeit dar, in der Selbstbestimmung und Motivation bestens verwirklicht werden können und der Weg in die eigene Existenz schrittweise gegangen werden kann. Die neuen Selbständigen werden Autoren, Architekten, Chipdesigner, Programmierer, Marketingexperten, Telefonisten und vieles andere sein. Dabei sind die Kosten für die Einrichtung eines eigenen Büros (z.B. Schreibtisch, Computer, E-Mail, Fax, Funktelefon) relativ gering, so daß das Risiko für Ein-Mann-Betriebe oder Interessengemeinschaften, in denen mehrere Selbständige sich zu einem virtuellen Unternehmen zusammenschließen, überschaubar und kalkulierbar sind.

Die Telearbeit, die als neue Arbeitsform Umwälzungen in der Gesellschaft bewirkt und unterstützt, bringt natürlich auch *Risiken* und *Probleme* mit sich. Bisherige Grundnormen unserer Gesellschaft, wie zum Beispiel Arbeitsplatz und Arbeitszeit, werden in Frage gestellt und die klare Grenzlinie zwischen Arbeit und Privatleben verschwimmt.

Aus Sicht der Unternehmen
Für Unternehmen ergeben sich durch den Einsatz von Telearbeit organisatorische Risiken, da sie die Grenzen des Unternehmens erweitern, sich Arbeitnehmer an verschiedenen Orten befinden und externe Unternehmen oder Spezialisten genutzt werden, um bestimmte Tätigkeiten durchzuführen. Typische Probleme sind dabei fehlende Kontrollmechanismen oder Versicherungsfragen.
Oft wird auch die mangelnde Datensicherheit als ein Grund gegen Telearbeit aufgeführt. Natürlich öffnet sich ein Unternehmen nach außen hin, wenn es Mitarbeitern oder Externen die Möglichkeit bietet, sich in das Unternehmensnetz einzuwählen. Wenn Telearbeit oder Remote-Networking aus diesem Grund abgelehnt wird, liegt das meist an mangelndem Technik-Verständnis der Entscheider, denn die Sicherheitsmechanismen heutiger Systeme sind weit entwickelt und werden sich in Zukunft noch verbessern. Außerdem sind auch in der Vergangenheit bei „herkömmlichen" Unternehmen Fälle von Veruntreuung von Firmeneigentum bekannt geworden.

Aus Sicht der Mitarbeiter
Die größten sozialen Risiken stellen Isolation, Vereinsamung und Selbstausbeutung der Telearbeiter dar. Je nach Art der Telearbeit wird ihnen das soziale Geflecht und das Zugehörigkeitsgefühl zu einem Unternehmen praktisch entzogen.

Aus Sicht der Selbständigen
Das Risiko einer Selbständigkeit im Telearbeitsbereich hat für Existenzgründer v.a. ideellen Charakter. Da Telearbeit in Deutschland noch nicht so gefestigt ist wie beispielsweise in den USA oder in Schweden, haben viele Unternehmen den Bezug zu dieser Arbeitsform noch nicht gefunden und treten ihr deshalb noch skeptisch entgegen.

Das sind einige Beispiele von Chancen und Risiken, die Telearbeit mit sich bringen kann. Falls Sie die Telearbeit als eine interessante Arbeitsform ansehen ist die Einstellung hinter der Entscheidung zur Telearbeit wichtig: Alle Beteiligten – Mitarbeiter, Vorgesetzte und Unternehmensführung – bilden ein Team, das an einem Strang ziehen muß, um die Herausforderung gemeinsam zu meistern.
   Die Zukunft wird hier noch einige Veränderungen hinsichtlich dieser Arbeitsform bringen – seien wir also darauf gespannt.

Anhang 1 Kontaktadressen

Allgemeine Informationen und Beratung

Alt hilft Jung e.V., Bundesarbeitsgemeinschaft der Senior Experten
  Kennedyallee 62-70
  53175 Bonn
  Tel.: 0228/889236
  Fax: 0228/889348

Bundesministerium für Wirtschaft (BMWi)
  Villemombler Straße 76
  53123 Bonn
  Tel.: 0228/615-0
  Fax: 0228/615-3478
  http://www.bmwi.de

Bundesverband der Wirtschaftsberater e.V. (BVW)
  Lerchenweg 14
  53909 Zülpich
  Tel.: 02252/81361
  Fax: 02252/2910

Bundesverband Deutscher Unternehmensberater e.V. (BDU)
  Friedrich-Wilhelm-Straße 2
  53113 Bonn
  Tel.: 0228/91610
  Fax: 0228/916126

Business Angels Netzwerk Deutschland (BAND)
  Spichernstraße 2
  10777 Berlin
  Tel.: 030/2125470-0
  Fax: 030/2125470-1
  http://www.business-angels.de

Deutsche Ausgleichsbank (DtA)
Ludwig-Erhard-Platz 1-3
53170 Bonn
Tel.: 0228/831-0
Info-Line: 0228/831-2400
Bestell-Service: 0228/831-2261
Fax: 0228/831-2130
http://www.dta.de

Handwerkskammer (HWK)
Die Adresse Ihrer zuständigen Handwerkskammer finden Sie im örtlichen Telefonverzeichnis. Eine Übersicht aller HWK erhalten Sie beim:
Zentralverband des Deutschen Handwerks (ZDH)
Johanniterstraße 1
53113 Bonn
Tel.: 0228/545-0
Fax: 0228/545-205
http://www.zdh.de

Industrie- und Handelskammer (IHK)
Die Adresse Ihrer zuständigen Industrie- und Handelskammer finden Sie im örtlichen Telefonverzeichnis. Eine Übersicht aller IHK erhalten Sie beim:
Deutschen Industrie- und Handelstag (DIHT)
Adenauerallee 148
53113 Bonn
Tel.: 0228/104-0
Fax: 0228/104-158
http://www.diht.de

Senior Experten Service (SES)
Buschstraße 2
53113 Bonn
Tel.: 0228/26090-0
Fax: 0228/26090-77

Wirtschaftsjunioren Deutschland (WJD)
Adenauerallee 148
53113 Bonn
Tel.: 0228/104-514
Fax: 0228/104-177

Informationszentrum für Existenzgründungen des Landesgewerbeamts Baden-Württemberg (ifex)
Willi-Bleicher-Straße 19
70174 Stuttgart
Tel.: 0711/123-0
Fax: 0711/123-2754
http://www.ifex.de

Arbeitslose

Verein zur Erschließung neuer Beschäftigungsformen e.V.
Lange Geismar Str. 2
37073 Göttingen
Tel.: 0551/485622

Gesellschaft für innovative Beschäftigungsförderung (G.I.B.)
Im Blankenfeld 4
46238 Bottrop
Tel.: 02041/767-0
Fax: 02041/767-299

Beteiligungsgesellschaften

Bundesverband deutscher Kapitalbeteiligungsgesellschaften e.V.
(BVK)
Dem Verband gehören Gesellschaften an, die das aktive Beteili-
gungsgeschäft betreiben, sowie Wirtschaftsprüfer, Steuer- und Un-
ternehmensberater und Rechtsanwälte.
Karolingerplatz 10-11
14052 Berlin 19
Tel.: 030/306982-0
Fax: 030/306982-20
http://www.bvk-ev.de

3i Gesellschaft für Industriebeteiligungen mbH
Bockenheimer Landstraße 55
60325 Frankfurt/Main
Tel.: 069/710000-0
Fax: 069/710000-39
http://www.3i.com

tbg Technologie-Beteiligungsgesellschaft mbH der Deutschen Ausgleichsbank
Ludwig-Erhard-Platz 1-3
53179 Bonn
Tel.: 0228/831-2290
Fax: 0228/831-2493
http://www.tbgbonn.de

Technologieholding Venture Capital GmbH
Lenbachplatz 3
80333 München
Tel.: 089/54862-0
Fax: 089/54862-299
http://www.technologieholding.de

TVM Techno Venture Management GmbH & Co.KG
Denninger Straße 15
81679 München
Tel.: 089/998992-0
Fax: 089/998992-55
http://www.tvmvc.com

Brancheninformationen

Institut für Handelsforschung an der Universität zu Köln (IfH)
Säckinger Straße 5
50935 Köln
Tel.: 0221/943607-0
Fax: 0221/943607-99

Landes-Gewerbeförderungsstelle des nordrheinwestfälischen Handwerks e.V. (LGH)
Auf'm Tetelberg 7
40221 Düsseldorf
Tel.: 0211/30108-0

Bundesstelle für Außenhandelsinformation (BfAI)
Agrippastraße 87-93
50676 Köln
Tel.: 0221/2057-203
Fax: 0221/2057-212

Bürgschaftsbanken

Verband der Bürgschaftsbanken
Hellersbergstraße 18
41460 Neuss
Tel.: 02131/5107-0
Fax: 02131/5107-222

Deutsche Ausgleichsbank (DtA)
Ludwig-Erhard-Platz 1-3
53170 Bonn
Tel.: 0228/831-0
Fax: 0228/831-2130
http://www.dta.de

Existenzsicherung

Bundesverband Deutscher Inkassounternehmen
Brennerstraße 76
20099 Hamburg
Tel.: 040/280826
Fax: 040/28082699
http://www.inkasso.de

Deutscher Factoring Verband e.V.
Rheinallee 3d
55116 Mainz
Tel.: 06131/28770-70
Fax: 06131/28770-99
http://www.factoring.de

Rationalisierungskuratorium der Deutschen Wirtschaft e.V. (RKW)
Düsseldorfer Straße 40
65760 Eschborn
Tel.: 06196/495-1
Fax: 06196/495-303

Deutsche Ausgleichsbank (DtA)
Für Unternehmen mit finanziellen Schwierigkeiten gibt es „Runde
Tische". Unter Beteiligung der wichtigsten Partner des betroffenen
Unternehmens (Hausbank, Kammer etc.) werden erfolgversprechen-

de Rettungskonzepte erarbeitet. Zuvor wird das Unternehmen von einem erfahrenen Berater auf Kosten der DtA durchgecheckt.
Ludwig-Erhard-Platz 1-3
53170 Bonn
Tel.: 0228/831-0
Fax: 0228/831-2130
http://www.dta.de

Senior Experten Service (SES)
Buschstraße 2
53113 Bonn
Tel.: 0228/26090-0
Fax: 0228/26090-77

Existenzgründerinnen

Deutsches Gründerinnen Forum e.V. (DGF)
Der DGF e.V. ist ein Netzwerk von Frauen und Institutionen, das sich mit Ausbildung, Beratung und Finanzierung von Existenzgründungen durch Frauen beschäftigt.
Trakehner Straße 5
60487 Frankfurt
Tel.: 069/97072360
Fax: 069/97072344

Schöne Aussichten – Verband freiberuflich tätiger Frauen e.V.
Schöne Aussichten betreibt den Aufbau eines bundesweiten Netzwerks für Freiberuflerinnen und Frauenbetriebe. Neben Erfahrungsaustausch zur Selbständigkeit und Unternehmerinnentätigkeit wird die Qualifikation durch Seminare, Schulungen und Tagungen angeboten.
Gereonshof 36
50670 Köln
Tel.: 0221/912807-80
Fax: 0221/912807-71

Bundesverband der Frau im freien Beruf und Management e.V. (B.F.B.M.)
Der B.F.B.M. ist ein gemeinnütziger Verein, in dem sich selbständig tätige Frauen und Frauen in Führungspositionen aus unterschied-

lichen Berufen, Branchen und Nationalitäten zusammengeschlossen haben, um ein bundesweites Netzwerk aufzubauen.
Mohnheimsallee 21
52062 Aachen
Tel.: 0241/4018458
Fax: 0241/4018463
http://www.bfbm.de

Finanzierung

Bundesverband Deutscher Leasing-Gesellschaften e.V. (BDL)
Herausgeber eine Mitgliederliste von deutschen Gesellschaften für Leasing. Die Liste enthält u.a. Adressen und Tätigkeitsbereich der Gesellschaften.
Heilsbachstr. 32
53123 Bonn
Tel.: 0228/648800
Fax: 0228/648803-0

Bundesministerium für Wirtschaft (BMWi)
Villemombler Straße 76
53123 Bonn
Tel.: 0228/615-0
Fax: 0228/615-3478
http://www.bmwi.de

Deutsche Ausgleichsbank (DtA)
Ludwig-Erhard-Platz 1-3
53170 Bonn
Tel.: 0228/831-0
Fax: 0228/831-2130
http://www.dta.de

Kreditanstalt für Wiederaufbau (KfW)
Palmengartenstraße 5-9
60325 Frankfurt
Tel.: 069/7431-0
Fax: 069/7431-2944
http://www.kfw.de

Franchise

Deutscher Franchise-Verband e.V. (DFV)
   Verband gibt Adressenlisten von Beratern und Rechtsanwälten, die sich auf Franchising spezialisiert haben, sowie eine Übersicht europäischer und internationaler Franchise-Verbände heraus.
   Paul-Heyse-Str. 33-35
   80336 München
   Tel.: 089/5307140
   Fax: 089/531323

Deutsches Franchise-Institut GmbH
   Institut führt Seminare durch. Beispielsweise „Gestaltung, steuerliche Aspekte von Franchise-Verträgen", „Qualitätssicherung und Zertifizierung nach ISO-Normen"
   Paul-Heyse-Str. 33-35
   80336 München
   Tel.: 089/531315
   Fax: 089/531323

Franchise-Börse für Hotellerie und Gastronomie
   Informations- und Kontaktstelle über Franchise-Systeme des Gastgewerbes.
   Paul-Heyse-Str. 33-35
   80336 München
   Tel.: 089/5438597
   Fax: 089/531323

Geschäftsausstattung

Deutsches Büromöbelforum
   Kostenlose Checkliste zu den seit Ende 1999 geltenden EU-Richtlinien.
   Fax: 0611/377559
Versteigerungshäuser Angermann und Perlick
   Preiswerter Einkauf von Möbeln und Maschinen aus Konkursen und Geschäftsauflösungen. Daten über die nächsten Verkaufsveranstaltungen sowie die dazugehörigen Kataloge über das Internet zu beziehen.
   http://www.angermann.de/auktion
   http://www.perlick.de

Hochschulabsolventen

Bundesverband Junger Unternehmer e.V. (BJU)
Die Regionalkreise des BJU führen Existenzgründungsvorlesungen an Hochschulen durch.
Mainzer Str. 238
Postfach 200154
53179 Bonn
Tel.: 0228/95459-0
Fax: 0228/95459-90

Förderkreis Gründungs-Forschung e.V.
Unter http://www.g-forum.de wird eine Übersicht der Aus- und Weiterbildungsangebote für Unternehmensgründer und selbständige Unternehmen an deutschen Hochschulen angeboten.
Entrepreneur-Research
c/o Uni Dortmund
44221 Dortmund
Tel.: 0231/755460-0

Steinbeis-Stiftung für Wirtschaftsförderung
Haus der Wirtschaft
Willi-Bleicher-Str. 19
70174 Stuttgart
Tel.: 0711/1839-5
Fax: 0711/2261076

Lieferanten

Wer liefert Was? GmbH
Auf CD-ROM erhältliche Datenbanken für Einkäufer und Interessenten. Die Werke enthalten Produkte und Dienstleitungen mit den Anbietern in Deutschland, Österreich, der Schweiz (CD-BOOK) und Europa (EURO-CD-BOOK).
Normannenweg 16-20
20537 Hamburg
Tel.: 040/25440-0
Fax: 040/25440-405

Steuerfragen

Bundessteuerberaterkammer
Hier erhalten Sie die Adresse Ihrer zuständigen Landessteuerberaterkammer.
Poppelsdorfer Allee 24
53115 Bonn
Tel.: 0228/72639-0
Fax: 0228/72639-52

Versicherungen

Bundesaufsichtsamt für das Versicherungswesen
Wer als Versicherter oder Geschädigter mit dem Verhalten eines Versicherungsunternehmens unzufrieden ist, kann sich beschweren.
Ludwig-Kirchplatz 3-4
10719 Berlin
Tel.: 030/8893-0
Fax: 030/8893-494

Bundesversicherungsanstalt für Angestellte (BfA)
10704 Berlin
http://www.bfa-berlin.de

Deutscher Versicherungs-Schutzverband e.V. (DVS)
Mitglieder des DVS sind Unternehmen aus Industrie, Handel, Handwerk und Kreditwesen sowie Fachverbände. Die Mitglieder werden beim Abschluß von Versicherungsverträgen, der Überprüfung von Sicherheitsvorschriften, bei der Schadensregulierung etc. individuell beraten.
Postfach 1440
Breite Straße 98
Bonn
Tel.: 0228/652857
Fax: 0228/631651

Gesamtverband der Deutschen Versicherungswirtschaft e.V.
Friedrichstr. 191
10117 Berlin
Tel.: 030/202051
Fax: 030/220660-4

Anhang 2 Internet-Adressen

Allgemeine Informationen

http://www.focus.de/existenzgruendung
Knappe und übersichtliche Informationen über alle wichtigen
Schritte und relevanten Fragen der Existenzgründung.

http://www.gruenderzentrum.de
Informationen zur Existenzgründung der Deutschen Ausgleichsbank.

http://www.bmwi.de
Informationen zur Existenzgründung des Bundesministeriums für
Wirtschaft.

http://www.ifex.de
Informationen zur Existenzgründung vom Informationszentrum für
Existenzgründungen des Landesgewerbeamts Baden-Württemberg.

Aus- und Weiterbildung

http://www.kursdirekt.de
Größte Online-Datenbank über Aus- und Weiterbildungsangebote.

Beteiligungsgesellschaften

http://www.exchange.de/ekforum
Kontakte zwischen Eigenkapitalsuchenden und Beteiligungsanbie-
tern.

http://www.tbgbonn.de
Vermittlung von Beteiligungskapital für technologieorientierte
Gründer und Unternehmen.

http://www.bvk-ev.de
Die Seite des Bundesverbandes deutscher Kapitalbeteiligungsgesellschaften bietet eine Datenbank an, in der man nach Kapitalgebern
suchen kann.

http://www.31.com
Informationen der Gesellschaft für Industriebeteiligung.

http://www.business-angels.de
Kapital- und Know-how-starker Partner bei Beteiligungen.

http://www.technologieholding.de
Informationen der Technologieholding Venture Capital GmbH.

http://www.tvmvc.com
Informationen der Techno Venture Management GmbH & Co.KG.

Franchise

http://www.franchise-net.de
Angebote und insgesamt ca. 530 Adressen für potentielle Franchise-
nehmer.

Freeware & Shareware

http://www.cyber-finance.com
Kostenlose Homebanking-Software, die auf Windows basieren.

http://www.nulltarif.de
Hier werden Adressen genannt, über die man kostenlose Software
beziehen kann. Zum Beispiel Faxsoftware oder eine Testversion für
die Adressenverwaltung Windows95/NT.

http://www.kostenlos.de
Von Business-Büchern bis zu Notebooks, die man beim Gewinnspiel
ergattern kann, ist auf dieser Seite alles kostenlos. Richtet sich v.a.
an private Nutzer.

www.jom-software.de
Wer seinen eigenen Internet-Auftritt vermarkten lassen will, kann
sich hier kostenlos in derzeit 49 Suchmaschinen eintragen lassen.

Geschäftsausstattung

http://www.angermann.de/auktion
http://www.perlick.de
Hier bieten diese Versteigerungshäuser Daten über die nächsten Verkaufsveranstaltungen sowie die dazugehörigen Kataloge über das
Internet an.

Geschäftsideen

http://www.impulse.de
Große Übersicht über Geschäftschancen. Derzeit ca. 700 zukunftsträchtige Entwicklungen, für deren Vermarktung oder Herstellung
Unternehmen, Erfinder oder Forschungsinstitute, Kooperationspartner suchen.

http://www.patentblatt.de
Elektronisches Anmeldesystem des Deutschen Patentamts. Hier kann
auch nach Patenten und Gebrauchsmustern recherchiert werden.

http://www.businessworld.de
Die Kontaktbörse hilft bei der Suche nach Geschäftspartnern.

http://www.der1dmprocdbrennservice.de
Auf der Seite finden sich viele Ideen, was sich alles auf CD-ROMs
vermarkten läßt. Es werden aber auch andere ungewöhnliche Ideen
produziert, mit denen sich der Weg in die Selbständigkeit realisieren
läßt. Erfinder stellen dort ihre Maschinen vor oder machen Vorschlä-
ge, wie sich Abfälle kreativ recyclen lassen.

Hochschulabsolventen

http://www.g-forum.de
Übersicht der Aus- und Weiterbildungsangebote für Unternehmensgründer und selbständige Unternehmen an deutschen Hochschulen.

Management

http://www.organisator.com
Beispiele aus der Unternehmerwelt: Führung, Zeitplanung, Marketing.

http://www.knowhow-kompakt.com
Jede Menge Wissenswertes über Strategien, Arbeitsmethodik, Denkmethodik und Gedächtnistricks.

Recht und Steuern

http://www.recht.de
Hilfe bei der Klärung rechtlicher Fragestellungen aus dem Steuer-, Arbeits- oder Insolvenzrecht.

http://www.haufe.de
Ganz aktuell werden hier alle neuen Ureile kommentiert. Neben Arbeitshilfen für Unternehmern gibt es einen Business Channel, über den wichtige Informationen abgerufen werden können.

http://www.steuernetz.de
Informationen über Rechnungswesen, Bilanz und den GmbH-Geschäftsführer.

http://www.bma.de
Das Bundesministerium für Arbeit und Sozialordnung hält hier umfassende Informationen und alle gesetzlichen Regelungen zum Thema Arbeit und Soziales bereit.

Versicherungen

http://www.bfa-berlin.de
Internet-Seite der Bundesversicherungsanstalt für Angestellte.

http://www.kv-vergleich.de
Freiwillig, gesetzlich oder privat versichern? Hier kann man einen Vergleich der privaten Krankenversicherer durchführen.

Anhang 3 Veranstaltungen und Wettbewerbe

Fernsehsendung

Eine regelmäßige Fernsehsendung auf n-tv hilft Existenzgründern auf die Sprünge. In jeder Sendung wird außerdem ein Unternehmen vorgestellt, das zum Verkauf steht.

Die Sendung läuft auf n-tv donnerstags um 21.15 Uhr und wird samstags um 17.35 Uhr wiederholt.

Messen

START – Die Existenzgründermesse in Deutschland

Bundesweite Existenzgründermesse für Unternehmensgündung, Unternehmensübernahme, und -sicherung, ergänzt durch ein umfangreiches Rahmenprogramm. Die Termine erfahren Sie beim Veranstalter unter folgender Adresse:

IMP International Marketing Partners GmbH
Hermann-Glockner-Str. 5
90763 Fürth
Tel.: 0911/705303
Fax: 0911/705278
http://www.start-messe.de

Internationale Franchise Messe

Messe rund um Franchise. Die Termine erfahren Sie beim Veranstalter unter folgender Adresse:

Blenheim Heckmann GmbH
Projektleitung Franchise
Völklinger Str. 4
40219 Düsseldorf
Tel.: 0211/901911-45
Fax: 0211/901911-55

NewCome
Fachmesse und Kongreß für Junge Unternehmen, Existenzgründung, Franchising und Freelancer. Die Termine erfahren Sie beim Veranstalter unter folgender Adresse:
Messe Stuttgart International
Am Kochenhof 16
70192 Stuttgart
Tel.: 0711/2589-0
Fax: 0711/2589-275

Alle Messen im Überblick
Eine ausführliche Übersicht über alle nationalen und internationalen Messetermine gibt es, nach Brachen und Regionen sortiert, kostenlos beim:
Ausstellungs- und Messeausschuß der dt. Wirtschaft (AUMA)
Lindenstraße 8
50674 Köln
Tel.: 0221/209070
http://www.auma.de

Seminare

Seminare und Veranstaltungen gibt es in großer Anzahl auf kommunaler und regionaler Ebene. Kompetente Partner in diesem Zusammenhang sind u.a. die IHK und HWK. Sie bieten Seminare zu den Themen Unternehmensplanung, Unternehmen und Markt, Gewerberecht, Buchführung und Bilanz, Erfolgsrechnung etc. an.

Studiengänge

An Hochschulen erfahren angehende Firmenchefs in neuen Studiengängen alles zu Themen wie Businessplan, Verhandlungtechnik, Venture Capital und trainieren mit Hilfe von Fallstudien die Gründung eines eigenen Unternehmens.

Humboldt-Universität/Berlin	030/20930
International University/Bruchsal	07251/700110
Technische Universität/Chemnitz	0371/5310
Technische Universität/Darmstadt	06151/160
Technische Universität/Dresden	0351/4630

Universität/Dortmund	0231/7551
Universität/Erfurt	0361/589860
Fernuniversität/Hagen	02331/98701
Universität/Karlsruhe	0721/6080
Universität/Köln	0221/4700
Universität/Lüneburg	04131/780
Westf. Wilhelms Universität/Münster	0251/830
Universität Hohenheim/Stuttgart	0711/4590

Allgemeine Wettbewerbe

Baden-Württembergischer Förderpreis

Voraussichtlich jährlich stattfindender Wettbewerb aufgrund einer Initiative der Landeskreditbank Baden-Württemberg und der Landesregierung.

Verwendungszweck:
Festigung des jungen Unternehmens.
Stärkung der Eigenkapitalbasis.
Marketing der Produkte.
Motivation der Gewinner.

Teilnahmeberechtigung:
Unternehmen aus den Bereichen Handwerk, Industrie, Handel und Dienstleistung.

Teilnahmevoraussetzungen:
Die Gründung bzw. Übernahme des Unternehmens liegt höchstens fünf Jahre zurück.
Der Firmensitz liegt in Baden-Württemberg.
Die Bewerbung soll den Umfang von insgesamt sieben Seiten (DIN A 4) einschließlich Lebenslauf nicht überschreiten.

Gegenstand der Prämierung:
Maßgebend für die Auswahl der Preisträger:
Unternehmenskonzept, unternehmerische Leistung, Persönlichkeit des Unternehmers, wirtschaftlicher Erfolg.

Art und Höhe der Prämierung:
Zuschuß:
1. Preis: 50.000 DM
2. Preis: 30.000 DM
3. Preis: 20.000 DM

Verfahren:
Bewerber, die die Ziele und Kriterien des Förderpreises am besten erfüllen, werden im Rahmen eine Vorauswahl zu einer Präsentati-

on in die Landeskreditbank Baden-Württemberg nach Stuttgart eingeladen.
Kontaktadresse:
Landeskreditbank Baden-Württemberg
Erika Schnabel
Friedrichstr. 24
70174 Stuttgart
Tel.: 0711/122-2624
E-Mail: erika.schnabel@l-bank.de

IDEE-Förderpreis
Jährlich stattfindender Wettbewerb aufgrund einer Initiative des Unternehmens Albert Darboven.
Verwendungszweck:
Umsetzung einer besonderen Idee.
Teilnahmeberechtigung:
Jungunternehmerinnen.
Frauen, die mit einer innovativen Idee den Schritt in die Selbständigkeit wagen möchten.
Teilnahmevoraussetzungen:
Mit der neuen Idee für ein Produkt bzw. eine Dienstleistung werden zusätzliche Arbeits- und Ausbildungsplätze in Deutschland geschaffen.
Jungunternehmerinnen, die nicht länger als drei Jahre selbständig sind.
Folgende Kriterien werden für die Bewertung zugrunde gelegt: Neuigkeitsgrad der Idee, Anzahl der geschaffenen bzw. zu erwartenden Arbeits- und Ausbildungsplätze, kommerzielles Konzept, persönliches Engagement.
Gegenstand der Prämierung:
Die erfolgsversprechendste Idee erhält einen Preis als Startkapital für die Umsetzung der Idee.
Art und Höhe der Prämierung:
Preisgeld in Höhe von 100.000 DM
Verfahren:
Bewerbungsunterlagen abrufbar bei SEGMENTA PR.
Auswahl der besten Ideen durch eine Jury.
Kontaktadresse:
SEGMENTA PR
Feldbrunnenstr. 52
20148 Hamburg
Tel.: 040/441130-31

Start Up – Der Gründungswettbewerb
Jährlich stattfindender Wettbewerb aufgrund einer Initiative der Sparkassen, des STERN und von McKinsey & Company.
Verwendungszweck:
Neugründung oder Übernahme eines bestehenden Unternehmens, wenn damit eine – zumindest teilweise – strategische Neuausrichtung des Unternehmens verbunden ist.
Konzepte aus allen Branchen können eingereicht werden.
Teilnahmeberechtigung:
Alle Personen, die im Jahr des Wettbewerbs in Deutschland ein Unternehmen gegründet haben oder unmittelbar vor der Gründung stehen.
Teilnahmevoraussetzungen:
Einreichung eines originellen zukunftsweisenden Geschäftsplanes. Die Geschäftspläne müssen in Kürze in die Praxis umgesetzt werden können.
Art und Höhe der Prämierung:
Geldpreise/Betreuung/Feedback
Die Sparkassen vergeben Geldpreise von insgesamt mehr als 2,5 Mio. Mark.
Sonderausschreibung: Prämien für die besten Nachfolgekonzepte.
Zusätzlich werden die fünf Bundesbesten im ersten Unternehmensjahr von McKinsey individuell betreut.
Jeder Teilnehmer, der einen vollständigen Geschäftsplan einsendet, erhält ein schriftliches Feedback.
Sonstiges:
Jeder Bewerber erhält gegen eine Schutzgebühr von 18 DM ein ausführliches Teilnehmerhandbuch und eine CD-ROM mit Kalkulationssoftware.
Unabhängige Juroren prämieren zunächst auf Landes- und später auf Bundesebene die erfolgsversprechendsten Gründungskonzepte.
Kontaktadresse:
http://www.stern.de/startup
Telefon-Hotline: 0180/3323360

Branchenspezifische Wettbewerbe

Vorbildliche Existenzgründer im Handwerk
Seit 1989 alle zwei Jahre stattfindender Wettbewerb aufgrund einer Initiative von handwerk magazin und der Deutschen Bank.

Verwendungszweck:
Festigung des bereits gegründeten Handwerksbetriebes.
Teilnahmeberechtigung:
Meister.
Sonstige Personen, die einen Handwerksbetrieb gegründet haben.
Teilnahmevoraussetzungen:
Die Gründung ist bereits erfolgt und der Betrieb wurde erfolgreich durch die ersten Jahre geführt.
Einzureichen sind folgende Angaben, die der Bewertung zugrunde gelegt werden:
Vorbereitung: Wie detailliert und umfassend wurde das Unternehmen geplant, wie gut hat sich der Gründer vorbereitet, hat er Möglichkeiten der Information und Beratung genutzt?
Innovation: Welche kreativen Ideen wurden verwirklicht, z.B. technische Neuerungen, kreative Marketingkonzepte, wirksame Mitarbeitermotivation.
Sicherheit: Wie hat der Gründer das Unternehmen und seine Existenz abgesichert? Ist das Gründungskonzept auf Dauer tragfähig? Kann es beispielhaft sein für die Festigung des handwerklichen Mittelstands?
Gegenstand der Prämierung:
Prämiert werden erfolgreiche Unternehmensstarts, die für gründungswillige junge Meister vorbildlich sein können.
Art und Höhe der Prämierung:
Zuschuß, insgesamt 100.000 DM:
1. Preis: 30.000 DM
2. Preis: 20.000 DM
3. Preis: 15.000 DM
4./5. Preis: 10.000 DM
6.-20. Preis: 1.000 DM
Kontaktadresse:
Redaktion handwerk magazin
Postfach 1569
82157 Gräfelfing
Tel.: 089/898261-10

Gründerwettbewerb Multimedia
Jährlich stattfindender Wettbewerb aufgrund einer Initiative des Bundesministeriums für Bildung, Wissenschaft, Forschung und Technologie.
Verwendungszweck:
Existenzgründungsförderung im Bereich Multimedia.

Teilnahmeberechtigung:
Alle Personen mit Wohnsitz in der Bundesrepublik Deutschland, die ein Unternehmen im Bereich Multimedia in Deutschland gründen wollen.
Teilnahmevoraussetzungen:
Es muß sich um innovative bzw. tragfähige Ideen oder Konzepte handeln.
Einzureichen sind Ideenskizzen von maximal 10 Seiten, die alle wesentlichen Aussagen zur Beurteilung und Bewertung enthalten, z.b. Angaben zur Person und Werdegang, Darstellung der Gründungsidee, Darstellung des Nutzens aus der Idee für den Kunden, Abschätzung des künftigen Marktpotentials, Aufzeigen möglicher Vertriebswege.
Gegenstand der Prämierung:
Dienstleistungen und Produkte aus dem Computer-, Telekommunikations- und Medienbereich.
Art und Höhe der Prämierung:
Von den eingereichten Konzepten werden bis zu 100 ausgewählt. Von diesen erhalten die besten 20 Konzepte 20.000 DM. Die restlichen erhalten 10.000 DM.
Die besten 20 Konzepte können zusätzlich 40.000 DM für die Ausarbeitung des Geschäftsplans durch Beratungsunternehmen und erste Umsetzungsmaßnahmen erhalten.
Die 10 besten Preisträger erhalten die Möglichkeit, die Unternehmensidee einem ausgewählten Kreis von Investoren vorzustellen.
Kontaktadresse:
VDI/VDE-Technologiezentrum Informationstechnik GmbH
Rheinstraße 10B
14513 Teltow
Telefon-Hotline: 03328/435-220
Fax: 03328/435-189
E-Mail: info@gruenderwettbewerb.de
http://www.gruenderwettbewerb.de

CyberOne
Der E-Business Award von Baden Württemberg: Connected e.V.
Verwendungszweck:
Innovative Geschäftsideen, wegweisende Technologien, Produkte und Dienstleistungen im E-Business.
Teilnahmeberechtigung:
Junge Entwickler, Absolventen, Ingenieure, Unternehmensgründer und solche, die es werden wollen.

Unternehmen aller Branchen.
Behörden und Landeseinrichtungen.
Privatpersonen mit ständigem Wohnsitz in Baden-Württemberg.
Teilnahmevoraussetzungen:
Unternehmen müssen ihren Geschäftssitz oder eine Niederlassung
in Baden-Württemberg haben.
Sie müssen Hersteller bzw. Anbieter oder Auftraggeber bzw. Nutzer einer E-Business-Lösung oder –Idee sein.
Gegenstand der Prämierung:
Technologien, Produkte oder Dienstleistungen für E-Business-Anwendungen und der innovative Einsatz von E-Business-Anwendungen.
Art und Höhe der Prämierung:
Erleichterter Zugang zu Risikokapital, Begutachtung und Förderungschance durch den Venture-Capital-Fonds Baden-Württemberg.
Beratung und Betreuung durch namhafte Consultants im Wert von vielen zigtausend Mark.
CyberOne als Marketingplattform, Präsentation und Preisverleihung durch und mit VIPs aus Wirtschaft und Politik, Vorstellung der Preisträger in Presse und Medien.
Kostenloser Platz auf dem Messestand des CyberOne-Veranstalters.
Preisgelder für die besten drei Wettbewerbsbeiträge:
1. Preis: 50.000 DM
2. Preis: 30.000 DM
3. Preis: 20.000 DM
Verfahren:
Einzureichen sind Online-Fragebogen, Geschäftsmodell in Form eines Businessplans, der die Entwicklung und wirtschaftliche Machbarkeit der neuen Geschäftsidee dokumentiert, Prototypen oder Demoversionen der Anwendung.
Kontaktadresse:
Baden-Württemberg: Connected e.V.
CyberOne E-Business Award
c/o ASKnet GmbH
Englerstr. 14
76131 Karlsruhe
Tel.: 0721/96458-61
Fax: 0721/96458-99

Literatur

Bücher

Eder B (1999) Ratgeber Telearbeit. Humboldt- Taschenbuchverlag Jacobi, München

Hering E, Draeger W (1995) Führung und Management – Praxis für Ingenieure. VDI-Verlag, Düsseldorf

Kirschbaum G, Naujoks W (1998) Erfolgreich in die berufliche Selbständigkeit: Von der Gründungsidee bis zur Betriebseröffnung. 7., aktual. Aufl., Haufe Verlag, Freiburg i.Br.

Kirst U (1999) (Hrsg.) Selbständig mit Erfolg: Von der Gründungsidee zum eigenen Unternehmenskonzept. 4., aktual. und überarb. Aufl., Deutscher Wirtschaftsdienst, Köln

Matthies P (1997) Telearbeit - Das Unternehmen der Zukunft: Umwälzungen in der Arbeitswelt. Markt und Technik, Buch- und Softwareverlag, Haar bei München

Olfert K (1998) (Hrsg.) Controlling. 6., überarb. und erw. Aufl., Friedrich Kiehl Verlag, Ludwigshafen

Tanski JS, Schreier A, Thoma S (1999) Existenzgründung. STS-Verlag (Haufe Verlagsgruppe), Planegg

Wilhelm E (1998) Existenzgründung: Marktchancen, Unternehmenskonzept, Finanzierung und Förderung, Rechtsformen und Steuern, Buchhaltung. Schäffer-Poeschel Verlag, Stuttgart

Wöhe G (1990) Einführung in die Allgemeine Betriebswirtschaftslehre. 17., überarb. und erw. Aufl., Verlag Franz Vahlen, München

Druckschriften

Beteiligungsfinanzierung in Technologie-Unternehmen der neuen Bundesländer (1998). Wirtschaftliche Reihe Band 9, September 1998, Deutsche Ausgleichsbank DtA (Hrsg.), Bonn

Checklisten und Infos für Existenzgründer (1997). Ausgabe Gewerbebetriebe, Deutsche Bank (Hrsg.), Frankfurt am Main

Das eigene Unternehmen gründen: Tips zur richtigen Planung (1998). November 1998, Industrie- und Handelskammer Ostwürttemberg (Hrsg.), Heidenheim

Das Finanzamt und die Unternehmensgründer (1997). Oktober 1997, Finanzministerium Baden-Württemberg, Stuttgart

180 **Literatur**

Erfolgskurs: Ihr Weg zum Gründungskapital (1999). Mai 1999, Deutsche Ausgleichsbank DtA, Bonn

Existenzgründeroffensive: Wegweiser (1997). April 1997, Industrie- und Handelskammer Ostwürttemberg (Hrsg.), Heidenheim

Existenzgründung: Die wichtigsten Bausteine für das eigene Unternehmen (1997). September 1997, Deutscher Industrie- und Handelstag DIHT (Hrsg.), Bonn

Frauen unternehmen was!: Tips für Existenzgründerinnen (1997). 2. Aufl., Dezember 1997, Bundesministerium für Wirtschaft BMWi (Hrsg.), Bonn

Finanzielle Gewerbeförderung in Baden-Württemberg (1998). Industrie- und Handelskammer, Heilbronn

Finanzierungsbausteine für Unternehmen mit Zukunft (1999). Januar 1999, Deutsche Ausgleichsbank DtA (Hrsg.), Bonn

Geschäftsbericht SAP 1998. SAP AG, Walldorf

GRÜNDERZEIT: Das Magazin für den Start in die Selbständigkeit (01/99). Gruner+Jahr Druck- und Verlagshaus, Hamburg

GründerZeiten Nr.3: Forschung und Entwicklung (1998). Aktual. Ausg. 1998, Bundesministerium für Wirtschaft BMWi (Hrsg.), Bonn

GründerZeiten Nr.4: Franchise (1998). Aktual. Ausg. 1998, Bundesministerium für Wirtschaft BMWi (Hrsg.), Bonn

GründerZeiten Nr.5/6: Betrieblicher Umweltschutz (1998). Aktual. Ausg. 1998, Bundesministerium für Wirtschaft BMWi (Hrsg.), Bonn

GründerZeiten Nr.7/8: Erfolgs- und Exportstrategien mittelständischer Unternehmen (1998). Aktual. Ausg. 1998, Bundesministerium für Wirtschaft BMWi (Hrsg.), Bonn

GründerZeiten Nr.11: Kooperation (1999). Aktual. Ausg. 1999, Bundesministerium für Wirtschaft BMWi (Hrsg.), Bonn

GründerZeiten Nr.12: Hochschulabsolventen als Existenzgründer (1998). Aktual. Ausg. 1998, Bundesministerium für Wirtschaft BMWi (Hrsg.), Bonn

GründerZeiten Nr.13: Leasing – Chancen und Risiken für Existenzgründer (1999). Aktual. Ausg. 1999, Bundesministerium für Wirtschaft BMWi (Hrsg.), Bonn

GründerZeiten Nr.14: Aus Fehlern lernen (1998). Aktual. Ausg. 1998, Bundesministerium für Wirtschaft BMWi (Hrsg.), Bonn

GründerZeiten Nr.15: Personalmanagement (1999). Aktual. Ausg. 1999, Bundesministerium für Wirtschaft BMWi (Hrsg.), Bonn

GründerZeiten Nr.16: Existenzgründung aus der Arbeitslosigkeit (1999). Aktual. Ausg. 1999, Bundesministerium für Wirtschaft BMWi (Hrsg.), Bonn

GründerZeiten Nr.17: Gründungskonzept (1999). Aktual. Ausg. 1999, Bundesministerium für Wirtschaft BMWi (Hrsg.), Bonn

GründerZeiten Nr.18: Forderungsmanagement (1997). Juli 1998, Bundesministerium für Wirtschaft BMWi (Hrsg.), Bonn

GründerZeiten Nr.20: Marketing (1999). Aktual. Ausg. 1999, Bundesministerium für Wirtschaft BMWi (Hrsg.), Bonn

GründerZeiten Nr.21: Risikokapital (1997). November 1997, Bundesministerium für Wirtschaft BMWi (Hrsg.), Bonn

GründerZeiten Nr.22: Krisenmanagement (1997). Dezember 1997, Bundesministerium für Wirtschaft BMWi (Hrsg.), Bonn

GründerZeiten Nr.24: Versicherungen für Selbständige (1999). Aktual. Ausg. 1999, Bundesministerium für Wirtschaft BMWi (Hrsg.), Bonn

GründerZeiten Nr.26: Brancheninformationen (1998). Juli 1998, Bundesministerium für Wirtschaft BMWi (Hrsg.), Bonn

GründerZeiten Nr.27: Sicherheiten und Bürgschaften (1998). August 1998, Bundesministerium für Wirtschaft BMWi (Hrsg.), Bonn

Hinweise auf die wichtigsten Steuerarten, Aufzeichnungs- und Buchführungspflichten für Existenzgründer und Kleinunternehmen (1998). Mai 1998, Industrie- und Handelskammer Ostwürttemberg (Hrsg.), Heidenheim

Ich mache mich selbständig: Wirtschaftliche und rechtliche Überlegungen, Finanzierungshilfen, Einstellung von Arbeitnehmern (1999). 1. Aufl. 1999, Bundesministerium für Wirtschaft BMWi (Hrsg.), Bonn

Junge Unternehmen: Probleme und Lösungen bei der Existenzfestigung (1998). 4., aktual. und neugest. Ausg., Bundesministerium für Wirtschaft BMWi (Hrsg.), Bonn

Neue Grenzen zur Scheinselbständigkeit: Informationen zum Sozial- und Arbeitsrecht (1999). August 1999, Industrie- und Handelskammer Ostwürttemberg (Hrsg.), Heidenheim

Kleine und mittlere Unternehmen: Früherkennung von Chancen und Risiken (1998). 3. Aufl. Juli 1998, Bundesministerium für Wirtschaft BMWi (Hrsg.), Bonn

Kurzinformationen, aktuelle Termine für Existenzgründer (1998). November 1998, Industrie- und Handelskammer Ostwürttemberg (Hrsg.), Heidenheim

Leistungspaket für junge Unternehmen (keine Angabe). Schmidt Bank

Literaturhinweise zur Existenzgründung und -sicherung (1998). Mai 1998, Industrie- und Handelskammer Ostwürttemberg (Hrsg.), Heidenheim

Ratgeber für Berater: Die Fördermaßnahmen der „Gründer- und Mittelstandsbank" des Bundes (1999). April 1999, Deutsche Ausgleichsbank DtA, Bonn

Richtig investieren und finanzieren: Leitfaden für kleinere Betriebe (1998). März 1998, Deutsche Bank (Hrsg.), Frankfurt am Main

Starthilfe: Der erfolgreiche Weg in die Selbständigkeit (1998). 12. Aufl. November 1998, Bundesministerium für Wirtschaft BMWi (Hrsg.), Bonn

Unternehmensnachfolge: Der richtige Zeitpunkt – Optimale Nachfolgeplanung (1998). 2. Aufl. Januar 1998, Bundesministerium für Wirtschaft BMWi (Hrsg.), Bonn

Wir fördern Existenzgründungen, Umweltschutz und Neue Technologien: Programme, Richtlinien, Merkblätter (1999). Mai 1999, Deutsche Ausgleichsbank DtA, Bonn

Wirtschaftliche Förderung für den Mittelstand in den alten Bundesländern (1998). März 1998, Bundesministerium für Wirtschaft BMWi (Hrsg.), Bonn

Sachverzeichnis

Druck: Mercedes-Druck, Berlin
Verarbeitung: Buchbinderei Lüderitz & Bauer, Berlin